民航运输类专业"十二五"规划教材

空乘礼仪

谢苏 姚虹华 主编

国防工业出版社

·北京·

内容简介

"空乘礼仪"是空中乘务专业的专业基础课，其主要的培养目标是培养学生的职业素质和职业形象，为学生今后从事空中乘务工作和航空服务工作打下坚实的基础。根据学生的认知规律和工作的过程，本书设计了现代空乘礼仪概述、空乘人员职业形象、日常服务礼仪、语言礼仪、公共场合礼仪、餐饮礼仪和面试礼仪七个教学模块，每一个教学模块自成体系，对在空中乘务和航空服务中所需要的礼仪知识和技能都做了较为详尽的描述。此外，每章还设计了学习提示、教学目标、案例举要、思考与讨论、学法指导、自我检测和背景知识链接七个方面的辅助内容。

本书既可作为职业院校空中乘务专业、航空服务专业的教材，也可作为民航从业人员的参考用书。

图书在版编目(CIP)数据

空乘礼仪/谢苏，姚虹华主编. —北京：国防工业出版社，
2016.3 重印
 民航运输类专业"十二五"规划教材
 ISBN 978-7-118-06674-6

Ⅰ.①空… Ⅱ.①谢…②姚… Ⅲ.①民用航空 – 乘务人员 – 礼仪 – 高等学校 – 教材 Ⅳ.①F560.9

中国版本图书馆 CIP 数据核字(2010)第 002715 号

※

国防工业出版社 出版发行

(北京市海淀区紫竹院南路23号 邮政编码100048)
天利华印刷装订有限公司印刷
新华书店经售

*

开本 787×1092 1/16 印张 10¾ 字数 240 千字
2016年3月第11次印刷 印数 35001—55000 册 定价 25.00 元

(本书如有印装错误，我社负责调换)

国防书店：(010)88540777　　发行邮购：(010)88540776
发行传真：(010)88540755　　发行业务：(010)88540717

空中乘务专业
规划教材建设委员会

主 任 委 员　陈玉华

副主任委员　（按姓氏笔画排序）

邓顺川　刘小芹　关云飞　李振兴　杨　征
杨涵涛　张同怀　林薇薇　洪致平　曹建林

委　　　员　（按姓氏笔画排序）

方凤玲　孔庆棠　刘连勋　刘雪花　汤　黎
孙　军　何　梅　张为民　陈晓燕　武智慧
季正茂　宓肖燕　赵淑桐　俞迎新　姜　兰
姚虹华　倪贤祥　郭定芹　谢　苏　路　荣
廖正非

《空乘礼仪》编委会名单

主　编　谢苏　姚虹华

副主编　蒋永业

编　委　刘骏飞　宋文静

前　言

进入 WTO 之后，我国的航空业有了长足的发展，无论是飞机架次还是机场建设，无论是机构重组还是海外合作都风生水起，种种迹象都在表明，我国的航空业步入了一个蓬勃发展的时期。随着航空业的迅猛发展和逐步的市场化和国际化，航空业对于各类专业人才的需求也呈上升趋势，原来以市场招聘和短期培训为主要教育形式的空中乘务人员队伍也开始有了提升素质和可持续发展的要求。空中乘务专业作为高等职业教育中的一个新兴专业，虽说它的兴起和发展不到 10 年，可也是"忽如一夜春风来，千树万树梨花开"。据不完全统计，目前全国范围内开办空中乘务专业或者航空服务专业的院校及培训机构已经近 300 家，为我国的航空服务业提供了丰富的人才资源。与旅游业一样，航空服务业也是一个劳动密集型行业，它的每一项工作都需要由人去完成，而不能由高精密仪器或者机器所代替；同时，航空服务业也具备了窗口型、外向型、服务过程无中介性的特点。因此，对航空服务业中劳动者的素质提出了很高的要求，应该说是语言、技能、形象、素质缺一不可。空中乘务专业开办近 10 年，虽说培养空乘人员的院校越来越多，毕业生人数也不断地增长，但由于航空服务教育是一门新兴的学科，研究方面的课题和成果还不多见，学科体系还没有完全建立，专业核心课程也还在探讨之中，所以《空乘礼仪》应该是空中乘务专业逐步完善过程中的一朵浪花，我们衷心地希望，我们的努力能为日趋成熟的空中乘务专业添砖加瓦，作为一个高等职业教育工作者，这将是我们莫大的荣幸与快慰。

"空乘礼仪"是空中乘务专业的专业基础课，相对客舱服务、客舱应急处置、客舱安全管理等专业课来说，更多的是培养学生的职业素质和职业形象，为学生今后从事空中乘务工作和航空服务工作打下坚实的基础。根据学生的认知规律和工作的过程，我们在《空乘礼仪》中设计了现代空乘礼仪概述、空乘人员职业形象、日常服务礼仪、语言礼仪、公共场合礼仪、餐饮礼仪和面试礼仪七个教学模块，每一个教学模块自成体系，对在空中乘务和航空服务中所需要的礼仪知识和技能都做了较为详尽的描述。我们还设计了学习提示、教学目标、案例举要、思考与讨论、学法指导、自我检测和背景知识链接七个方面的辅助内容。每章的学习提示是告诉学生本章的学习目的和作用；教学目标旨在告知教师本章所需要达到的教学目的和学习目标；每章后面的案例举要是通过对一些活生生的事例进行描述和分析，进一步深化本章所学到的礼仪知识，让学生能够融会贯通；思考与讨论是希望在教师的带领下，学生们通过小组讨论或者是课堂大讨论的方式明晰本章所应该理清的知识点；自我检测和学法指导可以指导授课教师运用这样的一些方法帮助学生掌握知识和技能；背景知识链接则是告诉教师和学生每一章的知识和技能相关知识的出处，引导他们通过背景知识链接的方法去掌握更多的关于空乘礼仪的知识与技能。

《空乘礼仪》由谢苏、姚虹华任主编,蒋永业任副主编。谢苏、姚虹华负责全书的统稿工作。其中,谢苏编写了第一章和第六章;姚虹华编写了第三章;蒋永业编写了第二章和第七章;刘骏飞编写了第五章;宋文静编写了第四章。这些教师都长期工作在航空教育领域的一线,有着丰富的实践经验和对航空服务教育前瞻性的思考。《空乘礼仪》可以说是目前空中乘务专业礼仪教学的最新探索,希望在空中乘务专业不断发展的过程中能发挥一些作用。在《空乘礼仪》的编写过程中,我们参考了大量相关的文献和资料,我们都注明了出处,并对这些专家、学者表示最诚挚的谢意!同时,我们也得到了武汉职业技术学院、成都航空职业技术学院、三亚航空旅游职业学校、浙江育英职业技术学院的大力支持以及一些航空企业专业人士的指导,在此一并表示感谢!

由于我们的水平有限,时间仓促,在编撰的过程中难免存在着不足与错误,我们真诚地希望各位专家批评指正。

编　者

目 录

第一章 现代空乘礼仪概述 ... 1
第一节 空乘礼仪的性质与作用 ... 2
一、礼的基本概念与内涵 ... 3
二、空乘礼仪的性质 ... 4
三、空乘礼仪的功能 ... 6
第二节 空乘礼仪的特点与原则 ... 10
一、空乘礼仪的基本特点 ... 11
二、空乘礼仪的主要原则 ... 12
第三节 空乘礼仪的构成要素 ... 14
一、空乘礼仪的主体和对象 ... 14
二、空乘礼仪的媒体 ... 17
三、空乘礼仪的环境 ... 17

第二章 空乘人员职业形象 ... 20
第一节 仪容、仪表与着装 ... 20
一、皮肤保养与面部修饰 ... 20
二、化妆 ... 22
三、发型修饰 ... 26
第二节 着装技巧 ... 28
一、不同场合的着装 ... 28
二、饰品的选择 ... 29
第三节 优美的姿势动作 ... 30
一、站姿、坐姿、蹲姿、步姿 ... 30
二、端、倒、递、拿 ... 35
第四节 空乘人员形象规范与气质塑造 ... 35
一、面部修饰要求 ... 35
二、职业发型 ... 36
三、制服穿着要求与配饰选择 ... 36
四、行为举止禁忌 ... 36
五、提升内在素质、完善个人形象 ... 37

第三章 日常服务礼仪 ... 40
第一节 见面礼仪 ... 40

一、问候礼仪 ………………………………………… 40
　　　二、称谓 ……………………………………………… 42
　　　三、致意 ……………………………………………… 44
　　第二节　接待礼仪 ……………………………………… 45
　　　一、迎送 ……………………………………………… 45
　　　二、引导与指示 ……………………………………… 49
　　第三节　顾客异议处理 ………………………………… 51
　　　一、旅客异议的产生原因 …………………………… 51
　　　二、旅客异议的正确应对 …………………………… 52
　　　三、有效避免旅客异议 ……………………………… 54

第四章　语言礼仪 …………………………………………… 58
　　第一节　问候的艺术 …………………………………… 58
　　　一、问候的对象 ……………………………………… 58
　　　二、问候的场合 ……………………………………… 59
　　第二节　交谈的艺术 …………………………………… 59
　　　一、声音的控制 ……………………………………… 59
　　　二、交谈的距离 ……………………………………… 59
　　　三、话题的选择 ……………………………………… 60
　　　四、交谈时的原则与禁忌 …………………………… 61
　　第三节　电话礼仪 ……………………………………… 63
　　　一、电话礼仪 ………………………………………… 63
　　　二、手机使用礼仪 …………………………………… 64
　　　三、语言案例举要 …………………………………… 66
　　第四节　服务语言举要 ………………………………… 67
　　　一、敬语与赞美语 …………………………………… 67
　　　二、委婉语与致歉语 ………………………………… 68
　　　三、服务用语禁忌 …………………………………… 69
　　第五节　空乘服务工作中的非自然语言 ……………… 70
　　　一、表情语言 ………………………………………… 70
　　　二、动作（肢体）语言 ……………………………… 72

第五章　公共场合礼仪 ……………………………………… 78
　　第一节　业务出行礼仪 ………………………………… 78
　　　一、乘坐飞机礼仪 …………………………………… 78
　　　二、酒店中的礼仪 …………………………………… 80
　　　三、其他公共场所礼仪 ……………………………… 82
　　第二节　文体活动中的礼仪 …………………………… 84
　　　一、体育比赛 ………………………………………… 84
　　　二、文艺表演 ………………………………………… 84

三、集会与庆典 ································ 85
　第三节　公共秩序礼仪 ································ 88
　　　一、行路礼仪 ···································· 88
　　　二、秩序礼仪 ···································· 90
　第四节　办公室礼仪 ·································· 95
　　　一、树立良好的个人形象 ·························· 95
　　　二、办公室人际关系的处理 ························ 95

第六章　餐饮礼仪 ······································ 99
　第一节　餐饮的基本礼仪 ······························ 99
　　　一、餐饮的称呼礼仪 ······························ 99
　　　二、餐饮的语言礼仪 ····························· 101
　　　三、客舱的环境礼仪 ····························· 107
　　　四、餐饮的仪表礼仪 ····························· 108
　第二节　中餐礼仪 ··································· 113
　　　一、中餐的类型 ································· 113
　　　二、中餐的服务技能 ····························· 115
　　　三、中餐服务礼仪 ······························· 121
　第三节　西餐礼仪 ··································· 123
　　　一、西餐摆台 ··································· 123
　　　二、西餐着装要求 ······························· 124
　　　三、西餐服务礼仪 ······························· 125
　第四节　酒吧礼仪 ··································· 128
　　　一、酒吧概述 ··································· 128
　　　二、酒吧服务礼仪 ······························· 130

第七章　面试礼仪 ····································· 137
　第一节　面试前的准备 ······························· 137
　　　一、寻找机会 ··································· 137
　　　二、自荐材料的准备 ····························· 139
　　　三、面试本质的把握 ····························· 140
　第二节　面试时的形象举止 ··························· 141
　　　一、恰当的着装 ································· 141
　　　二、得体的举止 ································· 146
　　　三、细节显示修养 ······························· 150
　第三节　面试时的语言礼仪 ··························· 153
　　　一、自我介绍技巧 ······························· 153
　　　二、面试交谈中的措词 ··························· 154
　　　三、应试者语言运用的技巧 ······················· 155
　　　四、面试的忌语 ································· 155

五、展示社会经历的技巧 …………………………………………… 156
六、如何结束面试谈话 ……………………………………………… 157
七、巧妙应对最后的提问 …………………………………………… 157
八、面试结束后的那句话 …………………………………………… 158

参考文献 ……………………………………………………………… 162

第一章　现代空乘礼仪概述

学习提示

礼仪是对礼节、仪式的统称,是指在人际交往中,自始至终以一定的、约定俗成的程序方式来表现的律己、敬人的完整行为;礼仪是表示礼节的仪式,如迎接外国国家元首或政府首脑时检阅仪仗队和鸣放礼炮,展览会开幕或大厦落成的剪彩,大型工程的奠基仪式等。

礼仪是社会文化的组成部分,是人类社会发展到一定阶段的产物。长期以来,礼仪在我国不仅是一种社会行为规范,还是统治阶级的工具。现代空乘礼仪是贯穿于飞行活动中人们的行为规范,是对传统礼仪文化的继承与发展。这种继承摒弃了传统礼仪的糟粕,这种发展吸收了外来文化的精华。本章将对现代空乘礼仪的性质、特点等基础内容进行讲述。

教学目标

1. 认识空乘礼仪是飞行活动中人际交往的规范。
2. 了解空乘礼仪的作用。
3. 明确空乘礼仪的特点和构成要素。
4. 掌握空乘礼仪的原则和规律。

航空服务业是我国"窗口"行业中的顶级品牌,要发挥好航空服务业的"窗口"作用并提高服务质量,首先就必须牢固树立"宾客至上"的服务意识,以礼相待,即讲究礼貌礼节。讲究礼貌礼节是空乘优质服务的重要组成部分,是航空服务人员必须具备的行为规范和素质条件。同时,航空服务人员的礼貌礼仪整体水平对于改善国际交往,增进各国人民之间的了解和友谊,展示中华民族的精神风貌和维护我国的声誉有着重要的现实意义。

第一节 空乘礼仪的性质与作用

在我国,礼仪是作为社会行为规范和统治工具而存在的。"三纲五常"、"三拜九叩"等封建礼制不仅长期约束着人们的行为,更长期禁锢着人们的思想。随着社会的变迁,人们从这种禁锢中被解放出来,礼仪也被赋予了新的内容和功能。

一、礼的基本概念与内涵

1. 礼的概念

礼的本意为敬神,今引申为表示敬意的通称,是表示尊敬的言语或动作,是人们在长期的生活实践与交往中约定俗成的行为规范。其本质是"诚",有敬重、友好、谦恭、关心、体贴之意。在古代,礼特指奴隶社会或封建社会等级森严的社会规范和道德规范。今天,礼的含义非常广泛,在一般意义上可作为礼仪、礼节、礼貌的通称,既指为表示敬意或隆重举行的仪式,也泛指在社会交往中的礼貌和礼节。

2. 礼貌的概念

礼貌是指人与人的接触交往中,相互表示敬重和友好的的言行规范,它体现了时代的风尚与人们的道德品质,体现了人们的文化层次和文明程度。礼貌一词出自于《孟子·告子下》:"虽未行其言也,迎之致敬以有礼,则就之;礼貌衰,则去之。"礼貌是接人待物时的外在表现,它通过言谈、表情、姿势等来表示对人的尊重。礼貌可以分为礼貌行为和礼貌言语两个方面:礼貌行为是一种无声语言,如点头、微笑、欠身、鞠躬、握手、合十、拥抱、鼓掌等;礼貌语言是一种有声的行为,如"您好!"、"请"、"谢谢!"、"对不起!"、"再见!"等礼貌用语充分体现了语言文明的基本形态。在日常生活中,我们可以看见讲礼貌的人往往谦恭待人、大方热情,行为举止显得很有教养,相反,如果一个人在行为举止和语言文明上不讲礼貌,是与现代社会的文明风范格格不入的。

3. 礼节的概念

礼节,是指人们在日常生活中,特别是在社交场合相互表示尊重、友好的问候、祝颂、慰问以及给予必要协助与照料的惯用形式,它实际上是礼貌的具体表现形式。如中国古代的作揖、跪拜,当今社会各国通用的点头、握手,南亚各国的双手合十,欧美各国的拥抱、接吻,少数国家和地区的吻手、吻脚、拍肚皮、碰鼻子等,都是礼貌的表现形式。

与礼貌相比,礼节处在表层,是尊重他人的内在品质通过礼节的一定形式表现出来。例如:尊重师长,可以通过见到师长问安行礼的礼节形式来表现;欢迎他人可以通过欢迎的仪式、起立、鼓掌、握手等礼节来表示。这些礼节使对别人的尊重和友好得到了恰当的表达,不使用这些礼节,与人交往时虽有对别人表示尊重的愿望却没有适当表达,对方会因此而感到很不高兴。所以,礼节不单纯是一种表面上的动作,而是一个人尊重他人的内在品质的外化。

4. 礼仪的概念

礼仪是指通过较大较隆重的正式场合,为表示敬意、尊重、重视等所举行的合乎社交规范和道德规范的仪式。《辞源》中说:"礼仪,行礼之仪式"。礼仪就是表示礼节的仪式,这种仪式是自始至终以一定的、约定俗成的方式来表现的律己、敬人的完整行为。在礼的系统中,礼仪是有形的,其基本形态既受到礼的基本原则的制约,也受到物质水平、历史传统、文化心态、民族习俗的影响。一般来讲,礼仪活动中,必须具备语言、行为表情、服饰器物这三大要素。

5. 礼节、礼貌、礼仪的关系

礼节、礼貌、礼仪都是人们在社会交往中相互表示友好的形式,其本质都是尊重人、敬重人。礼节是礼貌的具体表现,礼貌是礼节的规范,礼仪则是通过礼节、礼貌得到体现,三者相辅相成,密不可分。但是三者又各有其自身的特殊含义和要求:即礼貌是表示尊重的言行规范,礼节是表示尊重的惯用形式和具体要求,礼仪则是表示敬意而举行的隆重仪式和程序。礼貌侧重于强调个人的道德品质,礼节侧重于强调这种品质的外在表现形式。有礼貌而不懂礼节容易失礼,没有礼貌只学会一些表面的礼节形式,就会出现机械模仿,故作姿态,使人感到虚情假意,因此,讲求礼节礼貌应该是内在品质和外在行为的统一。至于礼仪,它的层次要高于礼节与礼貌,其内涵更深、更广,它是由一系列的具体礼貌礼节所构成的。一般来说,礼节产生于礼仪之前,最初的社交活动规模较小,礼节也较为简单,随着社会交往的扩大化和现代化,交往活动越来越频繁深入,礼节也就越来越复杂。于是逐渐形成了一些约定俗成的礼节程序,礼仪也就从礼节中自然而然地游离出来。可以说,礼节是礼仪的基础,礼仪是程序化了的礼节。

二、空乘礼仪的性质

(一) 空乘礼仪是一种交往规范

古今中外,从个人到国家,礼仪无时不在,无处不在。凡是有人类生活的地方,就存在着各种各样的礼仪规范。远古时候,人类为了求生存要祭神以求保护,这种礼仪形式至今在一些偏僻地区依然存在,如在春节时,家家户户要摆起烛台祭祖宗,祭天神、地神和灶神,以求来年风调雨顺,阖家幸福。

现代社交礼仪的内容已渗透到社会生活的方方面面,从政治、经济、文化领域,到人们的日常生活方面,礼仪活动普遍存在。比如,大到一个国家的国庆庆典,小到一个企业公司的开张志喜,再到人们日常生活中的接待、见面谈话、宴请等均需要讲究礼仪规范,遵守一定的礼仪行为准则。

礼仪是人类在社会生活的基础上产生的行为规范,全体社会的成员均离不开一定的礼仪规范的制约。在生活中,许多礼仪是不随人的意志为转移的,它存在本身具有很强的普遍性,无时无刻不约束着人们的行为规范,反映着人们对真善美的追求愿望。比如最简单的问候语:"你好"、"再见"等,这几乎是全世界通用的一种问候礼节,具有绝对的普遍性。

在社会交往中,人与人的了解和认识是从礼貌开始的,礼貌礼节从古至今都是衡量一个人文明程度的准绳。在社交中人们互相鞠躬、握手、拥抱、献花等,不仅是对交往对象表

示敬意和友善的一种形式,而且还反映一个人的精神面貌、道德情操、气质修养,以及处理问题时的应变能力。在社交场合,人们按照固定的程序,采取恰当的方法进行交往,有助于相互间的沟通和达成共识。礼仪作为一种共同遵守的行为规范,一方面是各种人际交往的有效途径,同时它还执行着对人际关系的整合及疏导功能,如守时守约、讲究仪容仪表、尊老爱幼、讲究公德等。礼仪潜移默化地熏陶着人们的心灵,使人们在社会生活中时时处处注意自己的言行,养成良好的文明习惯,彬彬有礼,努力成为一个受人欢迎的人。礼仪同时还制约着人们按照社会公认的行为模式去交往、去生活,要求人们非礼勿视、非礼勿动,为人们创造安定团结的生活工作环境,成为和谐人际关系的润滑剂。

(二) 空乘礼仪具有国别性和民族性

礼仪作为一种约定俗成的行为规范,在拥有共性的同时,又表现出一种较为明显的民族、国别的差异性。不同的国家,不同的民族,由于其历史文化传统、语言、文字、活动区域的不同,由于各自的人民在长期的历史发展过程中形成的心理因素特征不同,使各个民族、各个国家的礼仪都带有本国家、本民族的特点。这些特点便是礼仪的民族性、国别性的表现。如东方人见面习惯拱手、鞠躬;西方人的见面接吻、拥抱等就是国别特征的体现。所谓民族性,就是交际礼仪在形式上以及在形式代表的意义上都受到民族因素的影响,同一内容在不同民族中可以有着不同的表现形式,同一形式在不同民族中也可能代表着不同的意义,各个民族都有着自己一些独特的交际礼仪形式。礼仪的内容大都以约定俗成的民风习性、特定文化为依据,它突出地集中体现了本民族的心理、文化和习惯。

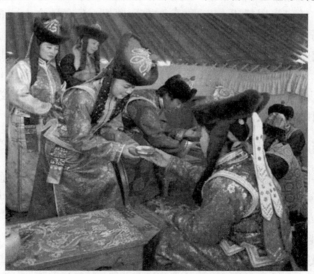

从这个意义上讲,礼仪反映了一个国家、一个民族的文明、文化和社会风尚。在空乘服务中,除了要注重业已形成并广泛认可的通用的礼仪规范和准则外,同时还应当继承和发扬本民族的优良礼仪传统。这样做,非但不会与通用国际空乘礼仪规范相悖,相反,会使服务对象感到更加亲切,倍增友善情谊。

(三) 空乘礼仪具有传统性和时代性

礼仪是一个国家、一个民族传统文化的组成部分。在我国,现代礼仪是以中华民族的传统文化为核心,并不断吸收其他民族的文化,在长期的社会实践中,不断发展和完善起来的。它植根于中华传统文化这块沃土,因此有着深刻的传统继承性。在人们传播、继承、相沿成习的过程中，传统礼仪的那些烦琐的、保守的内容不断被摒弃，只有那些体现了中华精神文明和社会进步，代表着中华民族传统文化本质和主流的礼仪才得以世代流传，不断完善和发扬。如尊老爱幼、父慈子孝、礼尚往来等一些反映传统美德的礼仪，一代一代流传至今，并将为子孙后代不断继承和发扬光大。

随着社会经济的不断发展，人际交往的日益频繁，礼仪已经渗透到了社会生活的方方面面，表现出了较为强烈的时代特色。礼仪的时代性一般表现为：第一，符合现代观念，符合现代的道德观、价值观，以遵循相互平等尊重为原则，不论是个人之间、集体之间、国家之间，不因大小强弱，都应当一律平等。第二，要符合现代生活的特点。现代生活讲求快捷、实效，与之相应的现代礼仪活动理所当然地以快捷、简明、实效为其特征。最后，要符合时代发展的要求。现代生活具有多元、丰富、多变的特点，这就要求作为能够反映时代社会生活精神，体现新的社会道德规范，体现新型人际关系的现代礼仪，必须在实践中不断更新、丰富内容和形式，发展建设符合现代要求的新的礼仪规范。

三、空乘礼仪的功能

现代社会中，礼仪无时不在、无处不在，渗透到日常生活的方方面面，发挥着越来越大的作用。礼仪之所以被广泛提倡，之所以受到社会各界的高度重视，主要是因为它对社会、对个人具有多方面重要的功能，其中最主要的作用有以下几方面。

(一) 教育功能

礼仪是一个国家、一个民族的文明程度、社会风尚和道德水准的重要标志，也是一个人思想觉悟、文化教养、精神风貌的重要标志。礼仪教育是培养和造就社会主义社会一代新人的重要内容，其教育导向作用是不可或缺的，也是其他形式不可替代的。我国著名的思想家颜元说："国尚礼则国昌，家尚礼则家大，身尚礼则身修，心尚礼则心泰。"社会生活中礼仪对国民综合素质，尤其是道德素质的提高具有十分重要的教育和导向功能。加强礼仪教育，提高全体国民的道德素质，做到讲文明礼貌，社会就会更安定、和谐，从而得到较快的进步和发展。

礼仪对个人的教育导向作用尤为突出，在人际交往中，礼仪不仅反映着一个人的交际技巧和能力，更反映着一个人的气质、风度和教养。通过学习礼仪，可以提高自身的道德修养和文明程度,更好地显示自身的优雅风度和良好的形象。一个彬彬有礼、言谈有致的人,他的人生道路上将是春风拂面,受到人们的尊重和赞扬,而且他自己就是一片春光,给别人、给社会带来温暖和欢乐。

(二) 协调功能

促进人际关系的沟通和人们的社会交往,改善人们的相互关系是礼仪的又一重要功能。现代社会人际交往日益增多,通过社交可以调节生活、建立友谊,交流感情、融洽关系,增长知识、扩展信息。要正常地交流就要讲究礼仪,礼仪的重要性越来越突出。因为只有讲究礼仪,共同用礼仪来规范彼此的交际活动,才能更好地表达对对方的尊重之情,增进相互之间的了解和友谊。如果不讲究礼仪,即使你心里很尊重对方,想得到对方的好感,也不会给对方留下好的印象。因为人与人之间的相互观察和了解,一般都是从礼仪开始的,因此必须遵守礼仪的规则和方式。讲究礼仪,可以唤起人们的沟通欲望,相互建立起好感和信任,进而形成和谐、良好的人际关系,促进交际的成功。

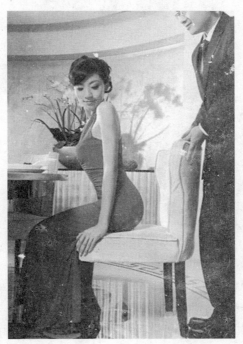

由于每个人的社会政治、经济、文化背景不同,性格、职业、年龄、性别存在差异,在交往中往往存在不同的价值取向。由于思想观念、价值观念不同,有时为了维护自身的利益,在交流中难免会发生不同程度的矛盾或冲突。礼仪作为社会交往的规范和准则,可以很好地协调人们之间的关系,使人们相互尊重、相互理解,起到"润滑剂"的作用。可以说,礼仪的学习和应用,有利于建立新型的人际关系,使人们在交往中严于律己、宽以待人,互尊互敬、互谦互让,文明礼貌、和睦相处,形成良好的社会环境和风尚。

(三) 规范功能

社会生活中,不论是生产活动还是日常生活,都必须按一定的客观规律办事,都必须有正常的社会秩序,每个人的行为都必须遵守一定的社会生活准则和规范,否则社会就会陷于混乱而无法正常运行。礼仪约束着人们的态度和动机,规范着人们的行为方式,协调

人与人之间的关系,维护着社会的正常秩序,在社会交往中发挥着巨大的作用。可以说,社会的运行与稳定,社会秩序的井然有序,人际关系的协调融洽,家庭邻里的和睦安宁,都要依赖于人们共同遵守礼仪的规范和要求。正是因为礼仪有规范和维护的功能,人人能自觉地遵守礼仪规范,并逐步形成社会的风尚和良好的道德习惯,从而以这种十分强大的道德力量,保证社会正常的生产和生活秩序。

(四) 发展功能

礼仪具有推动社会进步,发展社会主义精神文明的功能。历史上,孔子主张"为政以德",即以德治国,并认为:"道之以政,齐之以刑,民免而无耻;道之以德,齐之以礼,有耻且格。"《管子》中也说:"礼义廉耻,国之四维;四维不张,国乃灭亡。"把礼仪列为立国要素之首,充分说明了礼仪在国家建设和社会发展中的重要地位和作用。在现代社会中,人们常常把礼仪看作一个民族的精神面貌和凝聚力的体现,看作精神文明的一个重要组成部分。学习礼仪、遵守礼仪,可以净化社会风气,提升个人和社会的精神品位,展示良好的形象,推动精神文明建设,促进社会的和谐与发展。社会主义精神文明建设是有中国特色社会主义的重要特征,关系到社会主义的兴衰成败。提倡讲礼仪,提高每个人和全社会的道德水平,推动社会的文明与进步,对于社会主义现代化建设具有十分重要的意义。

(五)形象功能

形象塑造是空乘礼仪的重要职能,包括塑造个人形象和组织形象两方面。

1. 个人形象塑造

在社会生活的大部分时间里,人们总是以个体形象角色出现在生活中,人类大部分时间是代表着自身的存在意义,比如生活在家庭中,生活在朋友之间,人们总是以自身最好的形象去生活。但有时人们互相相处时,也会出现诸多障碍,某某不拘小节,某某不知礼节,某某行为粗暴、态度恶劣等。那么人类怎么样才能使自己的生存更有意义,做一个受欢迎、受喜欢的人呢?标准和条件均是多样化的,有人喜欢潇洒的风度,有人喜欢高雅的气质,有人喜欢率直的个性,有人喜欢有板有眼等。总而言之,青菜萝卜各有所爱,但是不管怎么说,规范的社交礼仪总能帮助你塑造出可人的个人形象。那么怎么样的个人形象才是受欢迎的呢?

一般而言,一个具有高尚的情趣、优雅的气质、潇洒的风度的人总是备受欢迎的。高尚的情趣,指一个人的性情和志趣高远不低俗。要培养自己高尚的情趣,就得知情知礼,不懂礼不知礼者难成高尚的人,所谓彬彬有礼,然后君子也。比如说,一个人唯有懂得尊重他人,才能在生活中与人为善,处处为他人着想;在行动上,才能产生乐于助人、不计报酬的行为。如一个人时时想着自己,心中没有他人,生活中势必斤斤计较,寸利必争,甚至为此还会损公肥私,乃至飞扬拔扈,为非作歹,这种人自然就是心胸狭隘、情趣低劣之小人。

一个富有高尚情趣的人,必然是一个心胸开阔、大公无私的美君子,他既懂得外在的形象、行为方面的涵养,更注重内在品质的锤炼。优雅的气质也即个人的一种吸引人的个性特征。气质本是心理学的一个概念,指个人典型稳定的心理特征,是构成个人个性的组成部分。不同的人就有不同的气质,不同气质的人看待问题和处理问题的方法又不同,即待人接物的礼仪就会有差异。如何发扬个人气质的长处,运用礼仪的手段来弥补气质的短处呢?

根据古希腊医学家希波拉底的研究,把人的气质分为四种,即胆汁质、多血质、黏液质和抑郁质。

(1)一般而言,胆汁质类的人,为人直率,热情、精力旺盛,勇敢、敢于承担责任,但情绪易激动,脾气暴躁,有时甚至独断专行,故在社交场合中,容易获得他人好感,不容易得罪他人。这种脾性的人就特别应该注意发扬优点,避免自己的弱点,在社交场合,特别应该控制自己的性情,遇事不要过分急迫而自信,多一份谦虚的容忍。在与他人交谈时,多听少讲,做一个热情的听众比热情的说客更好。

(2)多血质类型的人,往往活泼好动,情感丰富而外露,反应迅速敏捷,但注意力不集中,兴趣多变,做事有时虎头蛇尾,甚至投机取巧,在社交场合,往往很容易投入,也能成为社交中心人物,但难以持久。故要求这种人特别应该注意培养自己的恒心和耐心,以诚取信,凡事要持之以恒,以"认真"两字去对待人和事,以取得他人的信任。

(3)黏液质类型的人,往往沉静,稳重,少言谈,能忍耐,情感内向不外露,反应较慢,比较固执,不易接受新事物。这种人在社交场合上很难顺利进入圈子,交际不广,故要想做一个受欢迎的人,应适当改变一下自己的脾性,如在与人相处时,多一些热情,多一份信心,礼字当头,礼多人不怪。你知礼行礼,那么即便你少言寡语一些也仍然会受欢迎的。

(4)抑郁质类型的人,往往感情细腻丰富,善于察觉别人未觉之事,但往往又孤僻,心事重重,不善交际,而且孤芳自赏,行动迟缓,刻板、守旧。这种人往往很难打开交际的场面,要想改变现状,唯有努力改变一下自己的个性,多与人交往,多多参与各种社交活动,让现实逐渐打破自己气质抑郁的枷锁,争取创造一个崭新的个人形象面对社会。

潇洒的风度指一个人受人欢迎的内在素质修养和他外部行为等的总称。这种风度具体表现在人的形态、言谈、举止、装束打扮等方面,这是生活中逐步凝炼而成的,并不是一蹴而就的。个人形象是否优美,很大的程度上是通过个人的风度体现出来的。比如,你的言谈举止如果得体优雅,风趣幽默,那么大家会认为你很美。同时,如果你在装束打扮上非常邋遢,不整洁,那么即便你言语再好,同样也是不美的。可见,个人形象之美是多方面的,不仅需要有丰富的内涵,也需有外在的表现。礼仪不仅可以丰富你的内涵,同时还可以教会你许多外在的社会行为规范,使你成为一个真正受欢迎的人。

2. 航空企业的形象塑造

人是社会的人,大部分的人总隶属于一个部门、一个公司,即人是组织化的个人。人在工作中,总是代表着自己为之工作的组织的利益,显然,人在工作中的形象也就代表着组织的形象,尤其是空中乘务人员,是国际游客接触中国的"窗口",是乘客了解航空公司服务质量和管理水平的"窗口"。

你的职业角色决定了你的工作性质,自然也决定了你应有的组织形象。工作时,你更多的是属于组织的,故你的待人接物必须注重组织规定的礼仪要求。作为个人交往时,你若不喜欢交往的对象,那么你就可以不必与之交往;但在工作中,你没权选择,工作的需要,组织的形象,是首选的条件。所以,在现代组织的管理中,均特别强调员工对组织的忠诚心和责任心,这种忠诚心和责任心在个人的工作中均应得到充分的体现,如得不到充分体现,那么你个人所代表的组织形象是不佳的,由此会给你所服务的组织带来损害。故从航空企业形象的塑造出发,无论是空中乘务人员还是空中保安人员,或者是与航空服务有关的任何人员,都应具有强烈的形象意识。要充分地认识到,现代社会企业形象就是对外交往的"门面"和"窗口",良好的企业形象可以给企业带来丰厚的社会效益和经济效益。

(六)宣传功能

每一个到新加坡去旅游的客人都会对新加坡留下良好的印象,其原因正是因为新加坡旅游从业人员在接待活动中,反映出了昂扬的精神面貌和良好的职业素养。而在改革开放初期,许多国际游客对我国留下贫穷、落后的印象也在很大程度上来源于他们在旅游活动中所得到的国内旅游接待服务设施严重缺乏、旅游接待人员文化素养差、服务水平低等方面的印象。由此可见,礼仪能通过活动的参与者反映出一个国家、一个民族的文明程度、社会风尚和道德水准,以及一个人的思想觉悟、文化教养和精神风貌。所以,每一个空中乘务人员都应该牢记,在履行工作职责时,要积极主动地展示出自己最好的一面,借以向乘客宣传本公司的良好精神风貌,为乘客留下深刻而良好的印象。

第二节 空乘礼仪的特点与原则

礼仪作为社会文化的一个组成部分,有着悠久的历史。空乘礼仪的本质决定了空乘礼仪是空乘人员必须严格遵守的一种社会行为规范。空乘礼仪指导着飞行过程中客我双方的一言一行,小到举手投足,大到待人接物。同时,空乘礼仪伴随着空中服务活动的发展,也在不断地吐故纳新,促进自身的发展。

一、空乘礼仪的基本特点

(一)规范性

礼仪是一个国家、民族传统文化的组成部分。在我国,现代礼仪是以传统文化为核心,并不断吸收其他民族的优秀文化,在长期的社会生活实践中逐渐发展和完善起来的。它根植于传统文化这块沃土上,因而有着深刻的传统性。"礼仪之邦"几千年的文明史,中华民族修礼、崇礼、习礼的传统美德,深深地融入现代礼仪之中,约束和规范着现代人的行为。礼仪是将人们在长期生活及交往中的习惯、准则固定并沿袭下来,有着广泛的社会文化基础,礼仪这种传统性是根深蒂固的。在社会活动中,礼仪是人们约定俗成的行为规范,大都没有形成文字,无需刻意传播,它是在人们相互交往中传播、继承、相沿成习,积淀下来的。在这个过程中,传统礼仪的那些烦琐的、保守的内容不断被摒弃,只有那些体现了人类的精神文明和社会进步,代表着中华民族传统文化本质和主流的礼仪,才得以世代相传,并被不断完善和发扬。

(二)严肃性

严肃性是与规范性相伴随的又一个特点。长期以来,礼仪作为封建统治者推行政治的手段,得到统治阶级的强制力推行。在封建社会礼仪制度非常严格,不同的人、不同的身份地位,所使用的礼仪标准都有严格的规定,如违反了规定的,处罚也非常严格。在现代社会,礼仪不再是统治阶级的工具了,但作为一种社会交往规范,其严肃性依然存在。例如:在进行会谈时,主次双方的座位安排就是一件非常严肃的事情,要严格按照国际惯例实施。否则,就会给东道主的形象造成负面影响,严重的甚至会引发国际争端。

(三)实用性

空乘礼仪的实用性表现在它对现实生活的指导意义。在工作中,空乘人员如何着装?如何向客人致意?如何回答客人的疑问?这些都可以在空乘礼仪里面找到答案。正是因为空乘礼仪的实用性才使得空乘礼仪成为每一位空乘人员所必须了解和掌握的内容。

(四)发展性

时代在不断地前进,礼仪文化随着社会的进步而不断发展。一方面,礼仪文化随着时代的不断进步而时刻地发生着变化。如现代人所拍发的礼仪电报、电视点歌、祝寿贺喜等礼仪形式就是时代进步而产生的新生事物。另一方面,随着国家对外交往的不断扩大,世界各国的政治、经济、思想、文化等诸种因素的互相渗透,我国的传统礼仪自然也被赋予了许多新鲜的内容。礼仪规范更加国际化,礼仪变革向符合国际惯例的方面发展。形成一整套既富有我们国家自己的传统特色,同时又符合国际惯例的空乘礼仪规范已成为必需。这种礼仪文化的培养和形成有助于我们的国家走向世界,更好地与国际接轨,成为一个地球村上真正的礼仪之邦。礼仪规范的变革总是与时代精神密切地结合在一起。礼仪文化的发展总是受时代发展变化的推动的,时代不前进,礼仪文化的内容自然也不会得到很好的丰富。时代性、发展性和继承性都是相辅相成的。总而言之,随着时代的不断进步,空乘礼仪规范必将更为文明、优雅、实用。

(五)国际性

礼仪作为一种文化现象,是全人类的共同财富。它跨越了国家和地区的界限,为全世界人民所共同拥有。尽管不同的国家、不同的民族、不同的社会制度所构成的礼仪有一定的差异性,但在讲究文明礼貌、相互尊重的原则基础上形成的礼节形式已经为世界人民所接受并共同遵守。现在的世界,无线通信、电子技术的飞跃发展,使人们在短短的几秒钟内,与几万公里之外的友人相会与相识,互相问候,互通消息。在这个"地球村",人们的往来、交往空前的活跃与频繁。因此,在相互往来的过程中,各个国家、地区和社会集团所惯用的一些礼仪形式,为世界范围内的人们所共同接受和经常使用,逐渐形成了一些更加规范化、专门化的国际礼仪。应该说,现代礼仪在继承自己本民族传统文化的基础上更加兼容并蓄,融汇世界各国礼仪之长,具有国际化、趋同化的特征与趋势。

二、空乘礼仪的主要原则

礼仪是规范人们在交往活动中的言行举止的,空乘礼仪与飞行活动是相辅相成的,二者互相促进。飞行活动的出现带来了空乘礼仪的出现,空乘礼仪的原则则保证飞行服务过程中客我双方关系的正常发展。

(一)约定俗成律

现代礼仪是以传统文化为核心,并不断吸收其他民族的优秀文化,在长期的社会生活实践中逐渐发展和完善起来的。空乘礼仪的约定俗成律体现的正是这一点,比如在飞机上对尊者的称呼和照顾、对幼者的关怀、对特殊人群的关注等;出席重要的场合应注重个人形象并换上西装,打上领带;对男士称先生,对女士称小姐,"女士优先"等都是约定俗成的,不需要施礼与受礼双方事前再行约定。

(二)尊重客人原则

相互尊重是人们社会交往中一条最基本的原则。尊重是礼仪的情感基础,人与人之间彼此尊重,才能保持和谐愉快的人际关系。空乘礼仪中对空中乘务人员的仪容仪表、服

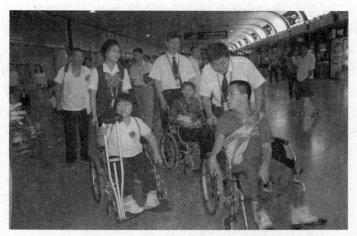

饰、行为仪态、礼貌语言等的规定都是尊重客人原则的具体体现,作为空中乘务人员,只有先尊重客人,才能得到客人的尊重与认同。比如,在旅游活动中接待伊斯兰教国家的客人时,旅游接待人员应当注意他们的宗教信仰,菜肴上不要有猪肉、猪油等食物;此外,在开餐前客人做礼拜时,主人可选择回避,待礼拜完毕再回座;当我们去伊斯兰教国家旅游时,要注意伊斯兰教国家多实行禁酒的风俗,在就餐时可改用软饮料代替。

(三)真挚相容原则

苏格拉底曾言:"不要靠馈赠来获得一个朋友,你须贡献你诚挚的爱,学习怎样用正当的方法来赢得一个人的心。"可见,在与人交往时,真诚尊重是礼仪的首要原则,只有真诚待人才是尊重他人,只有真诚尊重,方能创造和谐愉快的人际关系,真诚和尊重是相辅相成的。真诚是对人对事的一种实事求是的态度,是待人真心实意的友善表现。真诚和尊重首先表现为对人不说谎、不虚伪、不骗人、不侮辱人,所谓"骗人一次,终身无友";其次表现为对于他人的正确认识,相信他人、尊重他人,所谓心底无私天地宽,有真诚的奉献,才有丰硕的收获,只有真诚尊重对方才能使双方心心相印,友谊地久天长。例如,在飞行服务的过程中遇见不讲理或者是刁酸刻薄的乘客,即便是客人的观点你不赞同,客人的要求你无法满足,也不必针锋相对地去批评他,更不能嘲笑或攻击,你可以委婉地提出更为合适的建议,或者有意避开此问题。有人以为这是虚伪,非也,这是给人留有余地,是一种尊重他人的表现,自然也是真诚在礼貌中的体现。就像在谈判桌上,尽管对方是你的对手,也应彬彬有礼,显示自己尊重他人的大将风度,这既是礼貌的表现,同时也是在心理上战胜对方的表现。在飞行服务中要切记三点:① 给客人说话的机会;② 对客人表现出你最大的热情;③ 给对方永远留有余地。

(四)平等互利原则

"一视同仁,平等对待"。飞行服务活动中具体运用礼仪时,允许因人而异,根据不同的交往对象,采取不同的具体方法。但是,空乘礼貌礼仪的核心是尊重交往对象、以礼相待。在飞行服务过程中,无论是头等舱客人还是经济舱客人,无论是发达国家客人还是贫穷落后国家的客人,对任何服务对象都必须一视同仁,给予同等程度的礼遇。具体来说,不论服务的对象是外宾,还是内宾,是经常坐飞机的上层人士还是第一次坐飞机的普通农民都要满腔热情地接待,决不能看客施礼、厚此薄彼,更不能以貌取人、以财取人。同时,要积极地给予他人方便,不要怕麻烦。俗话说:给别人方便,也是给自己方便。所以,在帮助别人的同时,也是在帮助自己。

(五)顾全大局原则

在实际工作中,航空公司会要求员工牢记"顾客就是上帝"这样的服务信条。在发生纠纷的时候要求员工先退一步,这就是顾全大局原则的体现。顾全大局原则要求每个从业者站在顾客的角度,切实贯彻"宾客至上",在受到委屈时能从整个大局着眼,维护企业的形象。也许有的时候,的确是客人错了,但我们的乘务人员也应该站在客人的角度,换位思考,把"对"让给客人,以谦虚的态度使客人认识到自己的错误,而不致使矛盾激化。

第三节 空乘礼仪的构成要素

据统计,一次规范的礼仪活动由几百个项目组成。而对这几百个项目的归类又有着众多不同的标准。现代礼仪学认为:礼仪是由礼仪的主体、礼仪的对象、礼仪的媒体、礼仪的环境四项基本要素所构成的。空乘礼仪作为现代礼仪的一个分支,同样也由这四个要素构成。

一、空乘礼仪的主体和对象

空乘礼仪的主体,指的是礼仪活动的操作者和实施者。它既可以是个人,也可以是组织。当礼仪活动规模较小、较为简单时,其主体通常是个人。当礼仪活动规模较大、较为复杂时,其主体通常则是组织。没有礼仪主体,礼仪活动就不可能进行,礼仪也就无从谈起。例如:在飞行活动中,空乘礼仪的主体是乘务员。客人到了酒店办理入住时,礼仪的

主体则是酒店工作人员。

空乘礼仪的对象又叫礼仪的客体,它指的是礼仪活动的指向者和承受者。从外延上讲,它可以是人,也可以是物,可以是物质的,也可以是精神的,可以是具体的,也可以是抽象的,可以是有形的,也可以是无形的。没有礼仪客体,礼仪就失去了对象,就不成其为礼仪。礼仪的客体与礼仪的主体二者之间既对立、又依存,而且在一定条件下相互转化。空乘礼仪活动是贯穿在主体与客体之间的活动。主体与客体的行为会直接影响着礼仪活动的成功与否。一般而言,礼仪活动要求主客体双方有准确的角色定位、良好的心理素质和独特的交际魅力。

(一) 准确的角色定位

在礼仪活动中,人们都扮演着一定的角色。每个人都要按其所具有的身份、地位为实现其存在价值而完成一系列行为。角色不仅给个人确定自己的行为提供了规范,而且为人们相互识别、相互交流、相互评价、相互理解提供了标准。人们在礼仪活动中往往需要以不同的身份出现,这种身份的变化就是角色的变化,其行为必须符合社会对这一角色所认同的行为规范。在交际中,人们凭借彼此的行为模式来相互识别和评价。混淆角色及其行为规范,轻则是不道德、失礼的表现,重则遭到舆论的谴责和众人的唾弃。角色不同,要求也就不同。在人与人的交往活动中,衡量一个人成功的重要标志是他使自己的行为与他人、社会的期望相符合。这种角色的实现,是建立在个人对自己的角色有所认识的基础上的。

在礼仪活动中,影响主客体双方角色定位的因素主要有以下三个方面。

1. 角色的清晰程度

在礼仪活动中,人们对每种不同的角色都有不同的要求,或是约定俗成的,或是明文规定的。这些角色的权利、义务、礼仪规范被规定得越清晰、越明确,角色就越容易扮演。反之,角色越模糊,其权利、义务、礼仪规范被规定得越笼统,就越难以把握。例如,作为来宾出席一个晚宴与作为主人主持一个晚宴,其各种要求肯定是大不相同的,其礼仪规范也是不相同的。那么,有没有一切都准备好了的角色可以扮演呢?没有。人们只有在实践中,逐步学会扮演各种角色。当角色越是不清晰时,就越要彬彬有礼,以礼相待。

2. 角色扮演者的个性特征

人的个性特征对礼仪角色的扮演有着很大的影响。一个人对角色的价值的理解,对某一社交角色的要求的内化程度,都影响着他的扮演是否积极,是否成功。如性情刻板的人和性情活跃的人,在社交中的成功率就不一样。前者在角色转换中往往不如后者。在角色定位上,不同的个性特征的人适应能力是有差别的,行为的方式方法对社交角色的定位也是有所影响的。

3. 角色期待对角色定位有积极影响

在礼仪活动中,人们对某一个人的行为模式的期待,叫角色期待。当一个人意识到群体对自己的期待时,就会强化他的行为动机,付出更大的努力,最终获得活动参与者的首肯。这种期望效应,可以帮助人积极地进行角色定位,主动地约束和规范自己的行为。文明得体的仪表、仪态和积极的交际行为,会促成礼仪活动目标的有效达成。

(二) 良好的心理素质

礼仪活动同时也是主客体心理接触的过程。主客体双方良好的心理素质是实现礼仪活动成功的重要条件,各种心理上的缺陷和障碍不但不利于表达自己,而且也妨碍对他人的认识与交往。在空乘礼仪活动中,主客体双方应具有的心理素质有以下几种。

1. 自信

自信是指一个人对自己的学识、能力及所做的事情等持一种肯定的态度。自信是一个人勇于参加各种交际活动、树立个人良好形象、争取他人支持的重要条件。自信能给交往对方强烈的感染力和良好的影响,也能给自己带来成功。可以说,自信是成功的基础。

2. 尊重

参加礼仪活动,既要尊重他人,也要尊重自己。自尊和敬人是相互关联统一的。自尊是指人对自己的爱护和尊重。有自尊心的人能够重视自己的价值,珍惜自己的形象,能努力上进,不甘落后。自尊心太弱就有可能对自己失去信心,自暴自弃,把自己看成可有可无的角色。但也不可自尊心过强,过分自尊的人容易孤芳自赏、自命清高,以自我为中心,使别人难以和其接近。尊重别人,要做到尊重别人的正当权利,不把自己的意志强加于人,尊重别人的信仰习惯,尊重别人的人格等。

3. 坦诚

在礼仪活动中,要坦白诚恳,对人诚心诚意,绝不口是心非。坦诚,要求心地坦白,对别人给予信任,相信人与人之间的关系是建立在相互信任的基础上的。个人的信用要靠坦诚来维护,绝不能靠虚伪。在空乘礼仪活动中,要充满诚意,主动热情地进行沟通,真心实意地进行交往。要不怕别人的误解、反感、抵触,不怕挫折和失败,以自己的真诚得到人们的理解和信任。要以开放的态度对待别人,愿意让别人多了解自己。

4. 乐观

乐观的人有较强的交际魅力。人们都愿意和那些充满乐观精神、不怕任何困难、性格活泼、积极上进的人交往,而不愿意和那些悲观消沉、呆滞僵化的人交往。乐观的人能在逆境中给人以鼓舞,营造向上的氛围。乐观不仅是个人拥有的财富,而且是赠与别人的最好礼物。

(三) 独特的交际魅力

"魅力"是一个模糊的概念,但从礼仪学的角度来看,人的交际魅力总的来说离不开谈吐、仪表、气质风度、才华、学识、品德、性格等内涵。在礼仪活动中,经常会发现这样的现象:有些人往往更能引起别人的注意,他们说话有人听,也更容易得到别人的肯定和帮助;而一些条件并不差的人要取得这样的效果往往要付出更多的努力,这其中就是魅力的作用。富有魅力的人对他人的吸引力很大程度上来源于他们对周围人们所提供的精神方面的激励,这种激励使人们更愿意与他们交往。

二、空乘礼仪的媒体

礼仪的媒体,指的是礼仪活动所依托的一定的媒介。简言之,它实际上是礼仪内容与礼仪形式的统一。任何礼仪都必须使用礼仪媒体,不使用礼仪媒体的礼仪不可能存在。礼仪的媒体,具体是由人体礼仪媒体、物体礼仪媒体、事体礼仪媒体等构成的。在具体操作礼仪时,这些不同的礼仪媒体往往是交叉、配合使用的,包括有声语言媒介、无声语言媒介、人体媒介、实物媒介等。

(一)有声语言媒介

有声语言媒介是指以口头语言、类语言声音作为传递信息的媒介。在空乘服务中,口头语言运用得最多、最能准确地表达复杂的信息。有声语言媒介还包括以类似语言的声音符号表达信息,如笑声、感叹声、掌声等,常常表达某种特定情绪和心情。

(二)无声语言媒介

无声语言媒介是指以文字、图形、色彩等语言符号作为传递信息的媒介,如书信、请柬、电文、报告、名片等。无声语言主要通过视觉通道作用于人,可以事先精心设计、斟酌词句、反复修改。人们对视觉符号可以认真阅读、反复理解、长期保存,有利于传播一些比较复杂、重要的信息内容。

(三)人体媒介

人体媒介是指借助人体自身的形象特征表现传递信息,在空乘礼仪中也是重要形式之一。人体媒介包括以下多种形式。

(1)服饰打扮。通过穿着、发型、首饰、化妆等方面传递某种信息。

(2)体态动作。通过站、坐、行的姿态,头部、手势、腿部的活动姿态表达心理和情绪。

(3)眼神表情。以眼睛神态丰富细腻地表达传递信息,以面部表情的变化表达感情。

(4)空间距离。通过交际对象之间的距离远近、方向角度传递亲疏情感关系的变化。

(四)实物媒介

实物媒介是指以某种实物作为载体传递信息和感情。实物本身虽然没有文字语言信息,但是它也可以表达出丰富的信息。例如在空乘服务中,乘务员通过实物示范表达空中安全的重要等形式。

三、空乘礼仪的环境

礼仪的环境,指的是礼仪活动得以进行的特定的时空条件。礼仪的环境经常制约着礼仪的实施。不仅实施何种礼仪由其所决定,而且具体礼仪的实施方法也由其所决定。任何礼仪活动都需要在特定的环境中进行。脱离了具体的环境,礼仪活动的进行是无从谈及的。礼仪的环境有宏观环境和微观环境之分。

（一）宏观环境

礼仪的宏观环境指的是礼仪活动进行时所依托的大的背景,大的国际环境、大的经济环境等环境。例如：当两个国家外交关系处于低谷时,两国居民大规模的国际旅游显然是不可能实现的。再例如：上世纪末席卷东南亚的金融风暴给东南亚各国经济造成沉重的打击,在这种环境下,东南亚国家居民出国旅游的想法就是一种奢望。

（二）微观环境

礼仪的微观环境指的是礼仪活动开展时的具体环境。空乘礼仪的微观环境就是指在飞行过程中客我双方共同生存的空间——"飞机客舱",我们将有专门的章节进行论述。宏观环境是形形色色礼仪活动出现的根源,而微观环境是礼仪活动正常实施的保证。

案例举要

案例：一位英国老妇到中国旅游观光,对接待她的导游小姐评价颇好,认为她服务态度好,语言水平也很高,便夸奖该导游小姐说："你的英语讲得好极了！"小姐按照中国人讲谦虚的习惯,回应她说："我的英语说得不好。"英国老妇一听生气了,心想：英语是我的母语,难道我都不知道英语该怎么讲？她越想越气,第二天坚决要求旅行社给她换导游。这件事在旅游行业乃至所有的窗口行业引起了极大反响。

分析：案例中的这位导游小姐显然没有很好地了解西方的文化与习俗。与东方文化的含蓄不同,西方文化一个最显著的特点就是崇尚个性的张扬。在西方社会,一个人立足社会最基本的要求就是自信。西方人认为：一个人若连自己都不相信,又怎么能让别人相信呢？所以,面对外宾的表扬,导游小姐最得体的回答是："Thank you!"其实,这样的事例很多：一位饭店的服务员看到一名外国老人在上楼梯时很不方便,于是热心地过去搀扶；结果不但被老人拒绝了,而且还招来投诉。这是因为,外国人把别人的帮忙看作是一种自己不行的表现,非到不得已,绝不轻易接受他人帮助。旅游接待服务具有涉外性,这就要求我们每一个从业者能很好地了解服务对象的文化习俗、礼仪禁忌,而不致使其难堪。

思考与讨论

1. 空乘礼仪有哪些重要作用?
2. 如何理解空乘礼仪的国别性?
3. 空乘礼仪的特点有哪些?
4. 空乘礼仪的传播需要哪些媒介?
5. 如何体现空乘礼仪真挚相容的原则?

学法指导

1. 课堂讲授
2. 案例分析
3. 小组讨论

该章为理论篇,学习方法以课堂讲授为主,课堂讲授的过程中教师积极使用案例分析,帮助学生理解本章的学习内容和重、难点;教师可以组织学生参与讨论,引导学生通过讨论加深对本章内容的掌握。

自我检测

1. 对于空乘礼仪的作用及特点写出自己的认识。
2. 制定一份详尽的个人礼仪目标计划。
3. 结合空乘礼仪训练,制定自己的礼仪校内校外实践训练方案。
4. 开展礼仪目标设计和训练计划方案的大讨论,评选优秀者。

背景知识链接

1. 谢苏. 旅游社交礼仪. 武汉:武汉大学出版社,2006.
2. 王春林. 旅游接待礼仪. 上海:上海人民出版社,2002.
3. 孙秀萍,李永生. 空乘礼仪漫谈. 北京:中国民航出版社,1996.
4. 金正昆服务礼仪(video. baidu. com)
5. 金正昆现代礼仪(video. baidu. com)
6. 奥运礼仪小姐训练(video. baidu. com)

第二章　空乘人员职业形象

学习提示

职业形象是个人职业气质的符号,有些人对深色调的一贯喜爱,体现了沉稳的个性;经常性地身着艳丽颜色或对比强烈的服装,可以展现激情四溢的作风;一丝不苟的服装款式预示着严谨的态度,层层装饰的外表揭示着求新求变的心态……

职业形象要达到几个标准:与个人职业气质相契合、与个人年龄相契合、与办公室风格相契合、与工作特点相契合、与行业要求相契合。个人的举止更要在标准的基础上,在不同的场合采用不同的表现方式,在个人的装扮上也要做到在展现自我的同时尊重他人。

良好的职业形象不仅能够提升个人品牌价值,而且还能提高自己的职业自信心。个人形象主要指的是容貌、魅力、风度、气质、化妆、服饰等直观的包括天生的外表感觉的东西,这是一种值得开发、利用的资源。

教学目标

1. 认识职业形象在日常工作中的作用。
2. 了解职业形象的各组成要素。
3. 掌握职业形象形成的途径。
4. 明确职业形象维护的方法与禁忌。

第一节　仪容、仪表与着装

一、皮肤保养与面部修饰

（一）皮肤的日常保养和护理

按照出油程度的不同,皮肤可以分为油性皮肤、干性皮肤和中性皮肤三类,其日常的保养和护理也不尽相同。

1. 油性皮肤护理

油性皮肤是,由于皮肤皮脂分泌多,毛孔粗大,易生痤疮及粉刺,影响美容。所以,油性皮肤保养的重点是保持皮肤清洁,调节皮脂分泌。

（1）选择去除油性污垢能力强的清洁霜卸妆,然后用中性或稍偏碱性的香皂热水洗涤。一般每天洗脸3次,用温水洗后,最好再用冷水洗一遍,使面部血管收缩,减少皮脂的分泌。洗脸后也可用热毛巾反复湿敷面部,使毛孔开放,从而有效地去除油污。

（2）早上洗脸后，用收敛性化妆水整肤，然后用清爽的营养奶护肤；晚上，可加用按摩的方法以去掉附在毛孔中的污垢，然后用棉花蘸收敛性化妆水在脸上轻轻拍打，最后涂营养乳液以保养皮肤。油性皮肤不宜过多使用化妆品，特别是油性化妆品，最好选用含水分较多的雪花膏。

（3）可选用适用于油性皮肤的面膜进行敷面，每周1次～2次。常用的方法有：在搅碎的蛋黄里加一点小苏打，滴入12滴柠檬汁，拌匀后涂在脸上，15分钟后洗去。将牛奶和麦片粥和匀，调成糊状，涂在面上，10分钟～15分钟后用温水洗去，再往脸上撒些凉水。把酿酒用的酵母片捣碎或用两满匙酵母粉，加一满匙酸乳酪，调匀后在脸上和颈部涂上薄层，干燥20分钟后洗去。

（4）饮食应避免吃动物油及辛辣食物，不吸烟，不饮酒，多吃水果、蔬菜。

2. 干性皮肤护理

干性皮肤，由于皮肤缺少水分及油分，因而皮肤缺少光泽，手感粗糙。这种皮肤在寒风烈日、空气干燥的环境和持续在空调环境工作情况下，皮肤缺水的情况会更加严重。如长期不加以护理会产生皱纹，所以干性皮肤必须通过适当的皮肤护理促使其恢复正常生理功能，以防未老先衰。

（1）在选用洁肤品时，宜用不含碱性物质的膏霜型洁肤品，可选对皮肤刺激小的含有甘油的香皂，不要使用粗劣的肥皂洗脸，有时也可不用香皂，只用清水洗脸。

（2）早晨，宜用冷霜或乳液滋润皮肤，再用收敛性化妆水调整皮肤，涂足量营养霜。晚上，要用足量的乳液、营养性化妆水、营养霜。

（3）可用蒸汽蒸面以加快面部血液循环，补充必需的水分和油分，具体方法如下：在做蒸汽蒸面之前，先在面部敷上一些营养霜，然后用电热杯或脸盆，加水，并加入适量的甘油等护肤品，待蒸汽上升时，将面部置于蒸汽上方熏蒸，以面部潮红为度，每次5分钟～10分钟，一般每周可进行1次～2次。

坚持每天按摩1次～2次面部，每次5分钟左右，可以促进血液循环，改善皮肤的生理功能。

可选用适宜于干性皮肤的面膜敷面，一般情况下，敷面25分钟～30分钟即可。常用的适用于干性皮肤的涂剂有：鲜鸡蛋黄1个，面粉2茶匙，橄榄油2滴～3滴，蜂蜜1茶匙，调和成浓浆敷脸，可令皮肤组织回复天然光泽。把整根香蕉捣成糊状，在脸上厚厚地涂上一层，干燥10分钟后再用温水洗净。用鲜牛奶或奶粉调成的奶在脸上涂一层，15分钟后洗去。把橄榄油加热至37℃左右，然后把一块纱布浸在油中，覆在脸上，只露出眼睛和嘴巴，10分钟后除去，然后照正常程序洗脸，这些方法适用于皮肤特别干燥的人使用，对防止皮肤衰老有所帮助。

（4）饮食方面要多吃牛奶、牛油、猪肝、鸡蛋、鱼类、香菇及南瓜。

3. 中性皮肤护理

中性皮肤红润，有光泽，不粗不粘，是最理想的皮肤。中性皮肤的保养应注意以下几个方面。

（1）选择对皮肤有滋润作用的香皂，坚持每天按时保养，保持良好状态，一般每日清洗面部2次为宜。

（2）早晨净面后，可用收敛性化妆水收紧皮肤，涂上营养霜，再将粉底霜均匀地搽在脸上;晚上净面后,用霜或乳液润泽皮肤,使之柔软有弹性,并且可以使用营养化妆水,以保持皮肤处于一种不松不紧的状态。

(3)选择适宜于中性皮肤的面膜敷面15分钟～20分钟,每周1次。常用的敷面方法:将一个蛋的蛋清搅打至发泡,涂在脸上20分钟,用温水洗净后再用冷水洗。把一大汤匙微温的蜂蜜同一小茶匙柠檬汁混合,搅匀后涂在脸上,保留30分钟或更久一些。把一汤匙蜂蜜和一汤匙酸乳酪混合拌匀,涂在弄湿的脸上,保留15分钟,然后用温水洗净。

(4)饮食要注意补充皮肤所必须的维生素和蛋白质,如水果、蔬菜、牛奶、豆制品等。保持心情舒畅,避免烟、酒及辛辣食物刺激。

(二)皮肤保养的四要点

1. 补充体内水分

饮用足够的水,饮水量为每日6杯～8杯,同时还要补充饮用果汁、矿泉水、茶水等;可用蒸气熏蒸脸面,给面部补充水分;或用保湿护肤剂涂于脸面,以减少表面水分散发。

2. 注意饮食调养

多喝豆浆、牛奶等饮料;多吃新鲜的蔬菜、水果、鱼、瘦肉;戒除烟、酒、咖啡、浓茶及煎炸食品;多吃些芝麻、核桃、蜂蜜、银耳、梨等防燥滋阴的食物,能滋润肌肤。

3. 选择合适的护肤品

选择温和的洗面奶,不含酒精成分的化妆水,滋润但不油腻的日霜及晚霜,有增白效果的软性面膜等。配合使用含有松香油脂酸和维生素A的面部润肤剂,促进血液循环,有效改善皮肤生理环境,减少皮肤皱纹。

4. 皮肤护理分白天和晚上

(1)白天的护理。坚持每天做两次面部清洁,让皮肤洁净、滋润,外出时要使用有防晒作用的日霜。

(2)晚上的护理。先用温水、洗面奶彻底清洁面部皮肤,再用不含酒精的化妆水进一步洁肤及补充水分,然后在面部薄而匀地抹渗透性强的滋润晚霜,适当地热敷,让营养渗透到皮肤深层中去。

二、化妆

化妆是一种历史悠久的女性美容技术。在古代,人们在面部和身上涂上各种颜色和油彩,表示神的化身,以此驱魔逐邪,并显示自己的地位和存在。后来这种装扮渐渐变为具有装饰的意味,一方面在演剧时需要改变面貌和装束,以表现剧中人物;另一方面是由于实用而兴起。如古代埃及人在眼睛周围涂上墨色,以使眼睛能避免直射日光的伤害;在身体上涂上香油,以保护皮肤免受日光和昆虫的侵扰等。如今,化妆则成为满足女性追求自身美的一种手段,其主要目的是利用化妆品并运用人工技巧,采取合乎规则的步骤和技巧,对人的面部、五官及其他部位进行渲染、描画、整理,增强立体印象,调整形色,掩饰缺陷,表现神采,从而达到美容目的。化妆能表现出女性独有的天然丽质,焕发风韵,增添魅力。成功的化妆能唤起女性心理和生理上的潜在活力,增强自信心,使人精神焕发,还有助于消除疲劳,延缓衰老。

化妆可分为基础化妆和重点化妆。基础化妆是指整个脸面的基础敷色,包括清洁、滋润、收敛、打底与扑粉等,具有护肤的功用。重点化妆是指眼、睫、眉、颊、唇等器官的细部化妆,包括加眼影、画眼线、刷睫毛、涂鼻影、擦胭脂与抹唇膏等,能增加容颜的秀丽并呈立体感,可随不同场合来变化。化妆的方法有日常的一般化妆法,适应各种场合需要的特殊化妆法,以及简捷快速的速成化妆法等。

人体最全面的化妆分类为皮肤、毛发、指甲、牙齿、眼球5个部分的化妆。其中皮肤包括嘴唇,毛发包括睫毛。

(一) 常用的化妆品及化妆工具

(1) 膏霜类化妆品,包括粉质膏霜、液体膏霜两类。液体膏霜可分为水质膏霜、油质膏霜。而油质膏霜又根据含油多少,有"油包水型"和"水包油型"两种。

(2) 发用类化妆品,用于头发,如头蜡、生发油、发乳、香波等。

(3) 修饰用品类化妆品,在化妆修饰时使用,如唇膏、指甲油、香粉等。

(4) 卫生用品类化妆品,包括花露水、香水精、爽身粉等。

(5) 药物化妆品,具有各种不同疗效作用,可以预防、消除美容缺陷,如粉刺霜、雀斑霜、减皱霜、人参霜等。此外,还有营养化妆品,它对皮肤有滋养作用。

(6) 专业的化妆工具,包括粉扑、固体或是液体的粉底、水壶、定妆粉、指托、眉笔、修改笔、眼影粉、修饰饼、套刷(轮廓刷、眉刷、腮红刷、眼影刷)、腮红粉、唇彩唇膏、假睫毛、睫毛膏、睫毛夹、睫毛胶、眉夹、眉剪、修眉刀、唇线笔、眉饼等。

(二) 化妆的7个步骤

化妆前,先将脸洗净,涂上润肤霜或是润肤露,这一步很关键,好的润肤霜会在涂粉底之前为化妆过程打下一个好底,这样在进行下一步时,脸上就不会起干皮了,而且可以使皮肤看上去晶莹剔透。

1. 饰底乳(隔离)

很多女士在化妆的时候都跳过这一步,其实这一步很重要:

步骤:首先,用豆粒大小量的点饰底乳在脸上,涂抹均匀就可以了,要注意的是一定不能用多了。绿色和蓝色的饰底乳有好的遮盖作用,适合有斑点或其他瑕疵的人用。紫色则比较适合东方人偏黄的皮肤。白色的比较适合透明妆使用。

2. 粉底液

同饰底乳的涂抹方式差不多。

步骤:用比饰底乳多一倍的量均匀地涂抹在脸部。要注意的是眼部、头发与额头的交界处也要涂抹均匀,不然别人一眼就能看出你化妆了。

3. 遮瑕霜(遮瑕液)

遮瑕霜只为面部有小瑕疵的人准备。

步骤:可以用小刷子轻轻地刷在瑕疵以及周围,这样粉底不用打得太厚也可以盖住斑点、痘痘了。还有一种用法是将遮瑕液涂在双眉之间到鼻子三分之一处以及眼睛的下面,这样不仅可以遮盖黑眼圈还可以起到提亮的作用。

4. 粉饼

如果在完成以上步骤时,你的妆容已经达到理想效果的话,第四步上粉饼可以省去,可直接上散粉,以达到提亮的效果就可以了。

步骤:用粉扑轻轻地拍打在脸部,注意要均匀上粉;还要注意头部的裸露部分也要上粉,这使得人看上去更精神,达到了化妆的效果。

5. 散粉

步骤：只要轻轻地扑打上一层散粉就可以了。要注意扑打的部位是脸与脖子的交界处。

提醒：日本的粉底讲求透明感，韩国的粉底多注重遮盖效果。可以根据需要选择合适你的化妆用品。

6. 眼睛的化妆

眉毛：重要的是眉毛的修剪。

步骤：第一次修剪眉毛的时候尽量请专业人士给于指导，以后就可以按照已经修好的形状自己打理。若再用眉刷刷眉粉，效果会自然很多。

眼影：可以根据不同的服装选择颜色的搭配。

步骤：化眼影的时候要注意色彩的过渡。比如粉红色的眼影，就要先将整个眼眶都涂上一层淡粉，然后在接近睫毛的地方加深。完妆后要在眉骨、鼻梁上扫上一层白色的散粉,可以达到突显立体感的效果。

眼线:一般的女孩子不愿意上眼线,而上一层好的眼线可以显得眼睛更亮。

步骤:用眼线笔在睫毛根部的空当中点眼线,这样看起来会比较自然。下眼线用白色的眼线笔化,可以使眼睛显得更大。

使用睫毛夹可使眼部睫毛曲卷上翘,双眼更显得靓丽。

7. 唇部的修饰

只要涂些润唇膏,再上些唇彩就可以了。

步骤:要注意的是唇彩千万别涂满整张嘴,那样看起来像吃完饭没擦嘴一样。如果在唇正中点上唇彩,再抿一下,效果会比较好。

三、发型修饰

不同的发型能塑造不同的气质,选择合适的发型,可以有效地修饰面部瑕疵,达到互相烘托的效果。男士的发型一般为短发,变化较少,故此处重点叙述女士发型的选择。

(一)发型与脸型

人的脸型一般可分为 8 种,其中鹅蛋脸(又称瓜子脸)属标准型,可以做任何发型。设计发型时,只有对发型设计及化妆的原则有深刻的认识,针对脸型处理发式,进行平衡和调和,才能弥补脸型的不足,创造美丽和满意的效果。正确处理发型的方法如下。

(1) 圆形脸:将头发安排在头顶,用前刘海盖住双耳及一部分脸颊,即可减少脸的圆度。

(2) 方形脸:类似于圆形脸,其发式应遮住额头,并将头发梳向两边及下方,并可以烫一下,造成脸部窄而柔顺的效果。

(3) 梨形脸:保持头发覆盖丰满且高耸,分出一些带波浪的头发遮住额头,头发以半卷或微波状盖住下级线,造成宽额头的效果。

(4) 长形脸:可适当用刘海掩盖前额,一定不可将发帘上梳,头缝不可中分,尽量加重

第二章　空乘人员职业形象

脸型横向感，使脸型看上去圆一些。

（5）钻石形脸：增加上额和下巴的丰满，维持头发贴近颧骨线，可打造出鹅蛋形脸的效果。

（6）心形脸：将中央部分刘海向上卷起或倾斜地梳向一边，在下级线加上一些宽度。

（7）不规则形脸：可以选择适当的发型掩饰其缺点，采用柔和的盖住突出缺陷的发型，造成脸部两边平均的效果。

（二）发型与脖子

（1）胖而短的脖子：使用斜刘海，发顶梳高，造成长度的效果，两边梳成波浪显得修长，平滑贴头的颈线强调了背视及侧视修长的效果。

（2）长脖子：用柔和的发波和卷花盖住脖子，头发应留到颈部，避免发型高过颈背。

（三）发型与头型

发型设计的目的之一是要利用巧妙的头发整型与安排，克服头型的缺陷，产生椭圆形头型的效果。设计发型时应仔细研究顾客的头型，然后用一张椭圆形图加在上面，哪边有扁平现象，就应该调整哪边头发的厚度，以补足该区域。当然，这并不意味着所有的发型设计都应是椭圆形，也可根据不同的头型设计出多种时髦的发型。

（四）发型与性别

男士应尽可能避免留长发或者某些时髦新潮的奇特发型，最好也不要留光头，不把头发染成过分鲜艳扎眼的颜色。女士的发型虽然并不拘泥于短发和直发,但也应注意要相对保守一些,不能过分张扬和花哨。

(五)发型与个人的性格和气质

(1)性格内向、羞于言谈的人,宜选用自然翻翘式的发型。
(2)性格开朗、潇洒的人,则要选择长发波流式的发型。
(3)性格活泼、天真的人,选用长发童花式的发型。
(4)性格温柔、文静的人,选择曲直长发式的发型。
(5)性格豪爽、具有男子气概的女性,适宜选择短发型。

(六)发型与身材

(1)短小身材的发型:个子矮小的人给人一种小巧玲珑的感觉,应强调丰满与魅力,在发型选择上要与之相适应。发型应以秀气、精致为主,避免粗犷、蓬松,否则会使头部与整个形体的比例失调,给人产生大头小身体的感觉,从整体比例上,应注意长度印象的建立,不宜留长发,也不宜把头发处理得粗犷、蓬松。可利用盘发增加身体高度,而且要在如何使头发秀气、精致上下工夫。烫发时应将花式、块面做得小巧、精致一些。

(2)高瘦身材的发型:这种体型的人容易给人细长、单薄、头部小的感觉。要弥补这些不足,发型要求生动饱满,避免将头发梳得紧贴头皮,或将头发搞得过分蓬松,造成头重脚轻。一般来说,高瘦身材的人比较适宜于留长发、直发。应避免将头发削剪得太短薄,或盘高发髻。头发长至下巴与锁骨之间较理想,且要使头发显得厚实、有分量。

(3)矮胖身体的发型:矮胖者往往显得健康,要利用这一点造成一种有生气的健康美。整体发式向上,如选择运动式发型。此外,应考虑弥补缺陷,可选用有层次的短发、前额翻翘式等发型,不宜留长波浪、长直发。矮胖者一般脖子显短,因此不要留披肩长发,尽可能让头发向高处发展,显露脖颈以增加身体高度感。头发应避免过于蓬松或过宽。矮胖的人要尽可能通过发型设计来弥补自身的缺点。

(4)高大身材的发型:该体型给人一种力量美,但对女性来说,缺少苗条、纤细的美感。为适当减弱这种高大感,应努力追求大方、健康、洒脱的美,减少大而粗的印象。一般以留简单的直短发为好,或者是大波浪卷发;对直长发、长波浪、束发、盘发、中短发式也可酌情运用。注意:切忌发型花样繁复、造作;头发不要太蓬松。总的原则是简洁、明快、线条流畅。

第二节 着装技巧

一、不同场合的着装

(一)喜庆场合

生日派对、同学聚会、亲属的结婚庆典、节日纪念、联欢晚会等都属于喜庆场合。这些场合的共同特点是气氛热烈、情绪昂扬、欢快喜庆,参加这样性质的活动,服饰可以相应地热烈一些,华丽明快为好。

正规的喜庆场合,男士最好着深色西装。若是同学聚会、生日宴会和游园、远足等更轻松愉快的喜庆场合,男士可以着便装,夹克衫、牛仔服、T恤衫等都是合适的,但要使服装大方整洁,千万不要穿皱褶遍布的衣裤,令人尴尬。

女士的服装可以轻松洒脱,套装、裙子颜色鲜艳一点无妨。可以适当化妆,戴少许美丽、轻松、飘逸的饰物,一定要典雅得体,宁缺毋滥。出席婚礼,穿着打扮不宜太出众、耀眼,以避喧宾夺主之嫌,也不要打扮得过于怪异,花里胡哨,妨碍婚礼气氛。

(二) 庄重场合

严肃正规的庆典仪式为庄重场合,参加这样的活动,一般都要遵守主办方对服装所做的规定,不能独出心裁。如果主办方对着装没有什么具体要求,也应根据庆典会议的性质做出适宜的选择,服饰应以庄重、高雅、整洁为度。不宜穿得太随便,颜色比较鲜艳的运动装、牛仔裤等不是这种场合的适宜着装。女士不能穿较短的裙子。还要注意这种场合的着装礼貌,手不要插在裤兜里,不要当众解开衣扣,也不要随意脱去外衣。在室内举行庄重的活动,男士、女士都不要佩戴墨镜和有色眼镜,即使在室外,与人握手和谈话时,应将墨镜摘下。

(三) 悲哀场合

这种性质的活动主要以扫墓为多,另外还有殡葬仪式和吊唁活动等。这种场合的气氛比较悲哀,庄严肃穆,我们在服饰的穿着方面要注意这样几点:服装的颜色要以黑色和深色、素色为主,切忌穿红着绿,恣意追求鲜嫩;也不宜穿着带花边、刺绣或装饰飘带之类的服装,衣裤上也不要有镶嵌卡通动物或人物图像的装饰,给人以不严肃的印象。

此种场合的服装款式要尽量选择比较庄重、大众化一些的,新潮时髦、怪异和轻飘款式服装为不选,以免冲淡庄严肃穆的气氛。有必要穿着丧服时,不能露肌肤,大领圈、无袖的服装是这种场合不适宜的,深色西装、套裙为好。男士配西装的领带也要选择素淡庄重颜色的。女士不要有明显打扮痕迹,不宜抹口红和戴饰品,黑色的蝴蝶结和白色的头花倒是非常适宜这样场合的饰物,总能赢得丧家的认可。男士在参加如追悼仪式时,要注意垂手而立,不要忘记脱帽,但不要敞衣坦胸,以显示轻视慢待,与现场气氛不符。

二、饰品的选择

佩戴首饰的作用不是为了显示珠光宝气,而是要对整体服装起到提示、浓缩或扩展的作用,以增强一个人外在的节奏感和层次感。像服装一样,首饰也有它自己的季节走向,春夏季可戴轻巧精致些的,以配合衣裙和缤纷的季节,秋冬季可戴庄重和典雅的,可以衬出毛绒衣物的温暖与精致。切不可一条项链戴过春夏秋冬,没有可以不戴,否则会显得单调和缺乏韵律。

我们常能见到有些女士一次佩戴太多的首饰,项链、耳坠、戒指、手链,甚至再加上一枚胸针,像全副武装的士兵一样,整个人看起来既累赘又缺乏品位。

切忌用首饰突出自己身体中不太完美的部位。如脖颈上有赘肉和褶皱的女士,就不合适戴太有个性色彩的颈链,以免别人过多的关注;手指欠修长丰润的,不要戴镶有大宝石或珍珠的戒指。

佩戴首饰一定要和你的身份气质及服装相协调才有品位。学生不要戴太多的首饰。气质文静的女士不要戴过于夸张和象征意义太浓的首饰,否则会使别人产生错乱感。

当穿职业装时,最适合佩戴珍珠或做工精良的黄金白金首饰;穿晚装时可以戴宝石或钻石首饰,穿休闲装时比较适合戴个性化或民族风格的首饰。

第三节 优美的姿势动作

一、站姿、坐姿、蹲姿、步姿

(一) 站姿

1. 站姿的基本要领

(1) 头正,双目平视,嘴唇微闭,下颌微收,面部平和自然。

(2) 双肩放松,稍向下沉,身体有向上的感觉,呼吸自然。

(3) 躯干挺直,收腹,挺胸,立腰。

(4) 双臂放松,自然下垂于体侧,手指自然弯曲。

(5) 双腿并拢立直,两脚跟靠紧,脚尖分开呈60°。男子站立时,双脚可分开,但不能超过肩宽。

2. 正式场合的站姿

(1) 肃立:身体直立,双手置于身体两侧,双腿自然并拢,脚跟靠紧,脚掌分开呈V形。

(2) 直立:身体直立,双臂下垂置于腹部。女性将右手搭握在左手四指,四指前后不要露出,两脚成V形;男性右手握住左手腕,贴在腹部,两脚可分开平行站立,略窄于肩宽。

3. 应避免的站姿

(1) 身体抖动或晃动。

(2) 双手插入衣袋或裤袋中。

(3) 双臂交叉抱于胸前;双手或单手叉腰。

(二) 坐姿

坐姿与站姿同属一种静态造型。正确规范的坐姿要求端庄而优美,给人以文雅、稳重、自然大方的美感。坐是举止的主要内容之一,无论是伏案学习、参加会议,还是会客交谈、娱乐休息,都离不开坐。坐,作为一种举止,有着美与丑、优雅与粗俗之分。坐姿要求"坐如钟",指人的坐姿像座钟般端直,当然这里的端直指上体的端直。优美的坐姿让人觉得安详、舒适、端庄、舒展大方。

1. 标准的坐姿

(1) 入座时要轻、稳、缓。走到座位前,转身后轻稳地坐下。女子入座时,若是裙装,应用手将裙子稍稍拢一下,不要坐下后再拉拽衣裙,那样不优雅。正式场合一般从椅子的左边入座,离座时也要从椅子左边离开,这是一种礼貌。女士入座尤要娴雅、文静、柔美。如果椅子位置不合适,需要挪动椅子的位置,应当先把椅子移至欲就座处,然后入座。而坐在椅子上移动位置,是有悖社交礼仪的。

(2) 神态从容自如(嘴唇微闭,下颌微收,面容平和自然)。

(3) 双肩平正放松,两臂自然弯曲放在腿上,亦可放在椅子或是沙发扶手上,以自然得体为宜,掌心向下。

(4) 坐在椅子上,要立腰、挺胸,上体自然挺直。

(5) 双膝自然并拢,双腿正放或侧放,双脚并拢或交叠或成小V形。男士两膝间可分

开一拳左右的距离,脚态可取小八字步或稍分开以显自然洒脱之美,但不可尽情打开腿脚,那样会显得粗俗和傲慢。

(6) 坐在椅子上,应至少坐满椅子的 2/3,宽座沙发则至少坐 1/2。落座后至少 10 分钟左右时间不要靠椅背。时间久了,可轻靠椅背。

(7) 谈话时,应根据交谈者方位,将上体和双膝侧转向交谈者,上身仍保持挺直,不要出现自卑、恭维、讨好的姿态。讲究礼仪要尊重别人,但不能失去自尊。

(8) 离座时,要自然稳当,右脚向后收半步,而后站起。

2. 不同情况下的坐姿

(1) 女士着裙装入座时,应当将裙子后片向前拢一下,以显得端庄、文雅;起立时,右脚先向后收半步,站起,向前走一步,再转身走开。

(2) 两脚交叠而坐时,悬空的小腿要向回收,并将脚尖屈向下,以给人高贵、大方之感。

(3) 男士、女士需要侧坐时,应当将上身与腿同时转向同一侧,但头部保持向着前方。

(4) 作为女士,坐姿的选择还要根据椅子的高低以及有无扶手和靠背进行变化;两手、两腿、两脚还可有多种摆法,但两腿叉开,或成四字形的叠腿方式是很不合适的。

3. 不雅的坐姿

(1) 两膝分开,两脚呈八字形。

(2) 两脚尖朝内,脚跟朝外。

(3) 在椅子上前俯后仰,或把腿架在椅子上、沙发扶手上或茶几上。

(4) 两腿交叠而坐时,悬空的脚尖向上,或上下抖动、摆动。

(5) 与人谈话时,上身往前倾或以手支撑着下巴。

(6) 趴在桌子上,躺在沙发上,半坐在桌子或椅背上。

(7) 摆弄手指、拉衣角、整理头发等懒散的姿态。

（三）蹲姿

通常，人们对掉在地上的东西一般是习惯弯腰或蹲下将其捡起。在欧美国家，人们认为"蹲"这个动作是不雅观的，所以只有在非常必要的时候才蹲下来做某件事情。这说明蹲姿的选择是在日常交际活动中必须注重的礼仪常识。正确的蹲姿应尽量迅速，保持美观、大方、端庄。

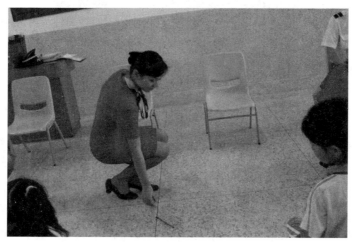

1. 基本蹲姿要求

(1) 下蹲拾物时，应自然、得体、大方，不遮遮掩掩。

(2) 下蹲时，两腿合力支撑身体，避免滑倒。

(3) 下蹲时，应使头、胸、膝关节在一个角度上，使蹲姿优美。

(4) 女士无论采用哪种蹲姿，都要将腿靠紧，臀部向下。

蹲姿三要点：迅速、美观、大方。若用右手捡东西，可以先走到东西的左边，右脚向后退半步后再蹲下来。脊背保持挺直，臀部一定要蹲下来，避免弯腰翘臀的姿势。男士两腿间可留有适当的缝隙，女士则要两腿并紧，穿旗袍或短裙时需更加留意，以免尴尬。

2. 蹲姿禁忌

(1) 弯腰捡拾物品时，两腿叉开，臀部向后撅起，是不雅观的姿态。两腿展开平衡下蹲，其姿态也不优雅。

(2) 下蹲时，应注意内衣"不可以露，不可以透"。

3. 常见蹲姿

1) 高低式蹲姿

男性在选用这一方式时往往更为方便。其要求是：下蹲时，双腿不并排在一起，而是左脚在前，右脚稍后。左脚应完全着地，小腿基本上垂直于地面；右脚则应脚掌着地，脚跟提起。此刻右膝低于左膝，右膝内侧可靠于左小腿的内侧，形成左膝高右膝低的姿态。臀部向下，基本上用右腿支撑身体。

2) 交叉式蹲姿

交叉式蹲姿通常适用于女性，尤其是穿短裙的女士，其特点是造型优美典雅。其特征是蹲下后以腿交叉在一起，其要求是：下蹲时，右脚在前，左脚在后，右小腿垂直于地面，全脚着地,右腿在上,左腿在下,二腿交叉重叠;左膝由后下方伸向右侧,左脚跟抬起,并且脚掌着地;两脚前后靠近,合力支撑身体;上身略向前倾,臀部朝下。

3)半蹲式蹲姿

半蹲式蹲姿多于行进之中临时采用。基本特征是身体半立半蹲,其要求是:在下蹲时,上身稍许弯下,但不宜与下肢构成直角或锐角;臀部向下而不是撅起;双膝略为弯曲,其角度根据需要可大可小,但一般均应为钝角;身体的重心应放在一条腿上。

4)半跪式蹲姿

半跪式蹲姿又叫单跪式蹲姿。它是一种非正式蹲姿,多用于下蹲时间较长,或为了用力方便之时。它的特征是双腿一蹲一跪,其要求是:下蹲之后,改为一腿单膝着地,臀部坐在脚尖之上,而以其脚尖着地;另外一条腿则应当全脚着地,小腿垂直于地面;双膝应同时向外,双腿应尽力靠拢。

(四)步姿

1. 男士走姿

男士正确的走姿应该是:走路时,要将双腿并拢,身体挺直,双手自然放下,下巴微向内收,眼睛平视,双手自然垂于身体两侧,随脚步微微前后摆动。双脚尽量走在同一条直线上,脚尖应对正前方,切莫呈"内八"字或"外八字",步伐大小以自己足部长度为准,速度不快不慢,尽量不要低头看地面,那样容易使人们感觉你要从地上捡起什么东西。正确的走路姿态会给人一种充满自信的印象,同时也给人一种专业的信赖感觉,让人赞赏,因此,走路时应该抬头、挺胸、精神饱满,不宜将手插入裤袋中。

走路时,腰部应稍用力,收小腹,臀部收紧,背脊要挺直,抬头挺胸,切勿垂头丧气。气要平,脚步要从容和缓,要尽量避免短而急的步伐,鞋跟不要发出太大声响。

上下楼梯时,应将整只脚踏在楼梯上,如果阶梯窄小,则应侧身而行。上下楼梯时,身体要挺直,目视前方,不要低头看楼梯,以免与人相撞。此外,弯腰驼背或肩膀高低不一的姿势都是不可取的。

走路时遇到熟人,点头微笑招呼即可,若要停下步伐交谈,注意不要影响他人的行进。如果有熟人在你背后打招呼,千万不要紧急转身,以免紧随身后的人应变不及。

2. 女士走姿

女士走路,注意轻盈快捷,快抬脚、迈小步、轻落地,使人感到她们是缕轻柔的春风。

行走时,男女有一定区别。男子步履雄健有力,走平行线,展示刚健、英武的阳刚之美。女子步履轻捷、娴雅、步伐略小,走直线,展示出温柔、娇巧的阴柔之美。

每一个女人都想拥有流云般优雅的步姿,款款轻盈的步态是女性气质高雅、温柔端庄的一种风韵,而优美的步态,则更添女性贤淑、温柔之魅力,展现自身的风采。

1)优美走姿的要领

(1) 以腰带动脚,重心移动,以腰部为中心。

(2) 颈要直,双目平视,下颌向内缩,面带微笑。

(3) 上半身保持正直,腰部后收,两脚平行。

(4) 膝盖伸直、脚跟自然抬起、两膝盖互相碰触。

(5) 有节奏地走路,肩膀放松,手指并拢。

若走路时能注意上述要点,你就能保持优美的姿态并时刻洋溢着青春的魅力。

2) 优美走姿的方式

女性的步姿因衣着和场合的不同,而有不同的方式。

行走时,应昂首挺胸,收腹直腰,两眼平视,肩平不摇,双臂自然前后摆动,脚尖微向外或向正前伸出,行走时脚跟成一直线。行走迈步时,脚尖应向着正前方,脚跟先落地,脚掌紧跟落地。走路时要收腹挺胸,两臂自然摆动,节奏快慢适当,给人一种矫健轻快、从容不迫的动态美。

走路时的步态美与不美,是由步度和步位决定的。如果步位和步度不合标准,那么全身摆动的姿态就失去了协调的节奏,也就失去了自身的步韵。

（1）步度,是指行走时两脚之间的距离。步度的一般标准是一脚踢出落地后,脚跟离另一只脚脚尖的距离恰好等于自己的脚长。

（2）步位,是脚落地时应放置的位置。步韵也很重要,走路时,膝盖和脚腕都要富于弹性,肩膀应自然、轻松地摆动,使自己走在一定的韵律中,才会显得自然优美。

3) 优美走姿的训练

走路时挺起胸膛,目光平视,双臂自然地前后摆动。在地上画一条直线,不低头看,用眼睛的余光去感觉,行走时双脚内侧稍稍碰到此线,即证明走路时两脚是平行的。此训练步姿是直线行法。

4) 优美走姿的禁忌

（1）最忌讳"内八字"脚和"外八字"脚。

（2）弯腰驼背,歪肩晃臀,头部前伸。

（3）摆臀,左顾右盼。

（4）走路时,膝盖和脚踝都应轻松自如,以免显得僵硬,切忌脚蹭地面,上下颤动。

（5）边走路边指指点点对别人评头论足。

(6) 走路时,应自然地摆动手臂,幅度不可太大,前后摆动的幅度约 45°,切忌做左右式的摆动。

(7) 步度与呼吸应配合成规律的节奏,穿礼服、裙子或旗袍时步度要轻盈优美,不可跨大步。若穿长裤步度可稍大些,这样会显得生动些,但最大步也不可超过脚长的 1.6 倍。

二、端、倒、递、拿

(一) 端物

有双手端和单手端两种方法:双手端物时,用双手轻轻地将托盘端起,置于身体前面,高度在腰部的位置,保持抬头挺胸的姿势,以自然步前进;单手端则是用左手托起托盘,有高托和低托两种位置,高托是将托盘托至齐肩处,手指后指,低托是将托盘托至齐胸处,手指前指,同样保持抬头挺胸的姿势,以自然步前进。

(二) 倒水

倒水时,左手握住杯子的中部,右手持壶,倒至 8 分满左右。然后面带微笑,双手为客人奉上。要注意:很多空乘人员为了杯子拿得更稳,而直接握住杯沿,这是非常不礼貌的,因为杯沿是客人嘴唇接触的位置。

(三) 低处取物

拿取低处物品或拾起落在地上的东西时,最好走近物品,上体正直、单腿下蹲,利用蹲和屈膝的动作,慢慢低下拿取,以显文雅,不要只弯上身,翘臀。

在接待工作中,给客人送茶水、饮品时,如果是低矮的茶几,也应使用优美典雅的蹲姿。

(四) 递物与接物的动作仪态

递物与接物是常用的两种动作,应当双手递物和双手接物(五指并拢),表现出恭敬与尊重的态度。递接物品时注意两臂夹紧,自然地将两手伸出。

在接待工作中,所有东西、物品都要轻拿轻放,客人需要的东西要轻轻地用双手送上,不要随便扔过去,接物时应点头示意或道声谢谢。

递上剪刀、刀子或尖利的物品时,应用手拿着尖头部位递给对方,让对方便接取。同时,还要注意递笔时,笔尖不可以指向对方。递书、资料、文件、名片等,字体应正对接受者,要让对方马上容易看清楚。这些微小的动作能显示出你的聪明与修养。

第四节 空乘人员形象规范与气质塑造

一、面部修饰要求

男士面容修饰的最基本要求是应养成每天剃须的良好习惯。女士的要求则复杂一些。

(1) 空姐在执行航班任务时,化妆应以淡雅、清新、自然为宜。一些简单的化妆方法有:先用清洁霜清洁皮肤;用粉底霜打底,改善脸的肤色;眼的化妆,先从眼睑开始,在眼皮折线以下,从内眼角到外眼角施上眼影粉,要使用柔和的色彩,如淡紫色或棕色,最后用海绵球将眼影粉的边缘涂开一些,以显得柔和。

用眼线笔在睫毛下勾出与眼影相协调的眼线,然后在上睫毛的根部用深棕色、灰色或黑色眼线笔淡淡地点出一条虚线,再用潮湿的小刷子将这些虚点刷成一条柔和的线。用棕色或黑色睫毛油施到睫毛端部,先从内向外刷,然后再从下向上刷。

在涂抹胭脂前,先对镜子笑一笑,将胭脂涂抹在双颊高起的部位,然后以手指轻轻向眼角拍上去,这样会产生类似天然红润的效果。

工作妆决不可浓妆艳抹,口红也不可涂得过于鲜红。在飞行中应注意随时补妆,这样可以给旅客一种饱满的精神状态。

(2)空姐在面部修饰时要注意卫生问题,认真保持面部的健康状况,防止由于个人不讲究卫生而使面部经常疙疙瘩瘩的或长满痤疮。

(3)注意面部局部的修饰,保持眉毛、眼角、耳部、鼻部的清洁,不要当众擤鼻涕、挖耳孔。

(4)注意口腔卫生,坚持刷牙、洗牙,在上飞机的前一天不吃带异味的食物。

二、职业发型

空乘人员的发型要大方,适合自己的脸型、制服的风格和个人气质,不留奇异、新潮发型,不染异色头发。女性不留披肩发,头发不能遮住脸,刘海可以卷曲也可以是直发,但不过眉毛;长发要扎起或盘起,并用发网网住,或者使用黑色软性的发饰。男性发型以整齐精神为主,两鬓不得盖过耳尖,背面头发不能触及后衣领,不留长发,不能烫发,不能染发,也不能留光头。

三、制服穿着要求与配饰选择

服饰是人体的外在包装,它包括衣、裤、裙、帽、袜、手套及各种饰品。服饰是一种无声的语言,它体现了一个人的个性、身份、涵养及其心理状态,直接代表了一个人的品格。空乘人员必须对个人的服饰予以重视,它关系到个人和航空公司的形象。所以,空乘人员在飞机上必须遵守航空公司有关服饰的规定,做到飞行时按规定着装。空乘人员在着工作服时,应保持工作服干净整洁,每次上飞机前,应将工作服熨烫平整,工作装不允许出现布满皱纹、残破、污渍、脏物、异味,干净整洁的服装会给旅客带来清新舒服的感觉。

四、行为举止禁忌

不雅的动作行为一定要避免,下面是一些要牢记的注意事项。

(1)在众人面前,应力求避免从身体内发出的各种异常声音。咳嗽、打喷嚏、打哈欠等均应侧身掩面。

(2)公共场合不得用手抓挠身体的任何部位。不要当众抓耳搔腮、挖耳鼻、揉眼、搓泥垢,也不可随意剔牙、修剪指甲、梳理头发。若身体不适非做不可,则应去洗手间完成。

(3)在公开场合露面前,须把衣裤整理好。尤其是出洗手间时,你的样子最好与进去时保持一致,如果出来时,边走边扣扣子、拉拉链、擦手甩水都是失礼的。

(4)参加航班服务前,不宜吃带有强烈刺激性气味的食物(如葱、蒜、韭菜、洋葱等),以免因口腔异味而引起服务对象的不悦甚至反感。

(5)在公共场所里,高声谈笑、大呼小叫是一种极不文明的行为。在人群集中的地方特别要求交谈者低声细语,声音的大小以不引起他人注意为宜。

(6) 对陌生人不要盯视或评头论足。当他人作私人谈话时,不可接近之。他人需要自己帮助时,要尽力而为。见别人有不幸之事,不可有嘲笑、起哄之举动。自己的行为妨碍了他人时应致歉,得到别人的帮助应立即道谢。

(7) 在人来人往的公共场所最好不要吃东西,更不要出于友好而逼着在场的人非尝一尝你吃的东西不可。爱吃零食者,在公共场所为了维护自己的形象,一定要有所克制。

(8) 感冒或其他传染病患者应避免参加各种公共场所的活动,以免将病毒传染给他人,影响他人的身体健康。

(9) 对一切公共活动场所的规则都应该遵守与服从。不随地吐痰,不随手乱扔烟头及其他物品。

(10) 在公共场合中,应保持仪态,不趴着或坐在桌上,也不要躺在椅子上。走路步伐要轻,遇事要冷静对待,不要急不择路,方寸大乱。

五、提升内在素质、完善个人形象

(一) 热爱本职工作

对空乘工作的热爱不是一时的,当自己理想中美好的空乘人员生活被现实辛苦的工作打破后,要求还能一如既往地主动、热情、周到、有礼貌、认真负责、勤勤恳恳、任劳任怨地做好工作。

(二) 有较强的服务理念和服务意识

在激烈的市场竞争中,服务质量的高低决定了企业是否能够生存,市场竞争的核心实际上是服务的竞争。民航企业最关心的是旅客和货主,要想在市场竞争中赢得旅客,就必须提高服务意识和服务理念。

服务意识是经过训练后逐渐形成的。意识是一种思想,是一种自觉的行动,是不能用规则来保持的,它必须融化在每个空乘人员的人生观里,成为一种自觉的思想。

(三) 有吃苦耐劳的精神

空乘人员在人们的眼中是在空中飞来飞去的令人羡慕的职业,但在实际工作中却承担了人们所想不到的辛苦,飞远程航线时差的不同,飞国内航线各种旅客的不同,工作中遇到的困难和特殊情况随时都会发生,没有吃苦耐劳的精神,就承受不了工作的压力,做不好服务工作。

(四) 培养热情开朗的性格

空乘人员的工作是一项与人直接打交道的工作,每天在飞机上要接触上千名旅客,随时需要与旅客进行沟通,没有一个开朗的性格就无法胜任此项工作。多种调查资料显示,受欢迎的人往往是具有开朗个性的人。与他们相处,会感觉自然和谐、轻松愉快、易于交流。空乘人员要培养和展示自己开朗的个性,善于先开口和别人打招呼,讲究礼貌礼节,在社交活动中敢于大胆地突出自己,言行要乐观。

(五) 刻苦学习业务知识

作为一名空乘人员,在飞机上不仅仅是端茶送水,还需要掌握许多的知识,比如,今天的航班是飞往美国,空乘人员首先就要了解美国的国家概况、人文地理、政治、经济,航线飞越的国家、城市、河流、山脉以及名胜古迹等。还要掌握飞机的设备、紧急情况的处置、飞行中的服务工作程序以及服务技巧等。可以说,空乘人员不仅要懂天文地理知识,还要掌握各种服务技巧和恪守服务理念。空乘人员不但要有漂亮的外在美,也要有丰富的文化内涵。

（六）掌握服务语言艺术

语言本身代表每一个人的属性,一个人的成长环境会影响每个人的说话习惯,作为一名乘务员要学会说话的艺术。不同的服务语言往往会得到不同的服务效果。一名空乘人员要掌握不同的说话技巧,如对老年旅客的说话技巧、对儿童旅客的说话技巧、对特殊旅客的说话技巧、对发脾气旅客的说话技巧、对重要旅客的说话技巧、对第一次乘飞机的旅客的说话技巧、对航班不正常时服务的说话技巧等。在空乘人员的服务中,往往由于一句话,会给他们的服务工作带来不同的结果。一句动听的语言,会给航空公司带来很多回头客;但也可能由于你一句难听的话,旅客会永远不再乘坐这家航空公司的飞机,可能还会将他的遭遇告诉其他旅客,所以得罪了一名旅客可能得罪了十名或上百名旅客。

案例举要

案例:在一个航班上空乘人员为旅客提供正餐服务时,由于机上的正餐有两种热食供旅客选择,但供应到某位旅客时,他所要的餐食品种刚好没有了,我们的空姐非常热心到头等舱找了一份餐送到这位旅客面前,说:"真对不起,刚好头等舱多余了一份餐我就给您送来了"。旅客一听,非常不高兴地说:"头等舱吃不了的给我吃？我也不吃!"

点评:由于不会说话,空乘人员的好心没有得到旅客的感谢,反而惹得旅客不高兴。如果空乘人员这样说:"真对不起,您要的餐食刚好没有了,但请您放心我会尽量帮助您解决"。这时,你可到头等舱看看是否有多余的餐食能供旅客选用。拿到餐食后,再送到旅客面前时,你可这样说:"我将头等舱的餐食提供给您,希望您能喜欢,欢迎您下次再次乘坐我们航空公司的飞机,我一定首先请您选择我们的餐食品种,我将非常愿意为您服务。"同样的一份餐食,但不同的一句话,却带来了多么不同的结果。

思考与讨论

1. 皮肤的保养有哪些技巧？
2. 化妆的指导思想是什么？
3. 如何实现优美的坐姿？
4. 如何设计良好的职业形象？

学法指导

1. 课堂讲授
2. 案例分析
3. 小组讨论

该章为实践篇,学习方法以课堂讲授和模拟面试为主,课堂讲授的过程中教师积极使用案例分析,帮助学生理解本章的学习内容和重点难点;教师可以组织学生参与讨论,引导学生通过讨论加深对本章内容的掌握。另外,可以引入形象设计等实践活动,让学生切身感受职业形象的塑造。

自我检测

1. 结合自身特点合理进行形象设计。
2. 结合自身反思影响自身形象的不良行为和习惯。
3. 以班级为单位组织形象设计,并评选"形象大使"。

背景知识链接

1. 谢苏. 旅游社交礼仪. 武汉:武汉大学出版社,2006.
2. 韩宇. 和你一起面试. 北京:中国市场出版社,2008.
3. 孙秀萍,李永. 空乘礼仪漫谈. 北京:中国民航出版社,1996.
4. 金正昆服务礼仪(video. baidu. com)
5. 金正昆现代礼仪(video. baidu. com)
6. 奥运礼仪小姐训练(video. baidu. com)
7. 瑞丽女性网(www. rayli. com. cn)

第三章　日常服务礼仪

学习提示

　　服务是指通过服务者的活动和各种有形设施满足消费者需求的过程。服务人员在服务中的行为、态度、穿着、仪表等给旅客带来的利益和享受是非常重要的。因此，以正确的惯有方式，对旅客表示出言语和行动上的尊敬，是一名服务人员工作时的应有行为，也是日常服务礼仪的基本要求。

　　空乘人员的服务礼仪水准，反映了航空公司管理和服务的水平，一定程度上也是一个国家文明程度的反映。我们有必要从日常礼仪要求入手，通过日常服务礼仪的学习和训练，熟悉和掌握服务人员待人接物的基本原则，培养自己主动服务的意识，为今后从事空中乘务工作打下良好基础。

　　服务产品自身的特性，使得服务工作的消费者满意度存在极大的不确定性和差异性。空乘服务工作中，旅客的异议处理也是日常工作内容。尽管这类现象是偶然的、个别的，但如果处理不当或者由此导致正面冲突，却往往会给双方带来不快，并且还会有损于企业的形象。企业和服务人员对于异议既要事先积极进行预防，力争将发生的可能减到最小，又要及时发现，并且妥善对其进行处理。作为服务人员，必须注意训练和锻炼自己良好的应变应对能力，才能消除异议，更好地服务于客户。

教学目标

　　1. 了解表情和语言在对客服务中的重要性，掌握通过美好的表情和语言在旅客心中建立良好的"第一印象"的技能技巧。
　　2. 懂得与人交往的礼节礼貌，逐步塑造自身飞行服务中的优雅风度。
　　3. 熟悉飞行服务的服务程序与接待规范。
　　4. 掌握民航旅客异议的处置原则，能够以恰当的方式回应旅客异议；懂得如何化解旅客异议。

第一节　见面礼仪

一、问候礼仪

　　问候，也就是问好、打招呼，是和别人见面时，以语言或动作向对方致意的一种形式。人们见面时总是以形形色色的方式互相问候，世界上有各式各样的见面问候方式，如日本人习惯鞠躬;中国的传统做法是拱手作揖;欧美人士打招呼时常拥抱接吻;新西兰毛利人则行碰鼻礼,碰鼻子的时间越长,说明客人受到的礼遇越高,越受欢迎。无论各国、各民族的习惯有多大不同,但"以礼相待"都是相同的。为此,我们首先要了解如何同别人打招呼。

(一)问候形式(时间、对象、场合)

当互相见面时,依照常例,应起身站立,热情认真地向对方打个招呼,这是最基本的礼节要求。

只要是经常同自己打交道的,不论地位高低,都要注意见面打个招呼。有时因出差、开会、旅游等,在旅馆居住或在商店购物等,都应该同遇见的服务员或售货员打招呼。

同日本人打招呼,比较普遍的是说"拜托了"、"请多多关照"。泰国人会把双手合起来放在胸前、口前或额前中间的位置,微微点头并说"Sawadika"(中文"您好"的意思)。信奉伊斯兰教的国家人士之间打招呼,第一句话就是"愿真主保佑"以表示祝福。如果你找合适的机会按穆斯林的宗教礼节向他们打招呼,对方会认为这是对他最真诚的祝福。缅甸、斯里兰卡及印度等国家信奉佛教的人士之间打招呼时,则普遍说"愿菩萨保佑"。

在一天内几次遇见同一个熟人,如果每次都说"你好",似乎太单调了。可以根据时间、场合适时地用不同的方式打招呼。

(二)问候次序

在与人相遇时,为表达对他人的尊敬、友好、热情,应该按照礼仪要求以适当的形式相互打招呼、问候。尤其是在正式场合会面的时候,宾主之间的问候需要讲究一定的次序。

一个人问候另一个人,通常是位低者先问候,即身份较低者或年轻者首先问候身份较高者或年长者。一人问候多人,可以笼统地加以问候,如"大家好";也可以逐一问候,这时可以由尊而卑,由长而幼,由疏而亲依次进行。

(三)问候态度

问候是敬意的一种表现,态度上需要注意以下几点。

(1)要主动。问候别人要积极主动。当别人首先问候自己之后,要立即予以礼貌回应,不能视若无睹或顾左右而言他。这是一个人礼仪水准和修养的一种直接体现。

(2)要热情。问候别人的时候,要面带微笑,表现得热情友好。遇到多人时,应全部问候到,不应厚此薄彼。

(3)要自然。问候别人的时候,态度必须表现得自然而大方。矫揉造作、神态夸张或扭扭捏捏,会给人留下虚情假意的不好印象。

(4)要专注。问候的时候,要面含笑意,注视对方的两眼,口到、眼到、意到,专心致志,不能在问候对方的时候,眼睛已经看到别处,让对方不知所措。

(四)问候内容

问候的方式有两种,直接式和间接式。

(1)直接式,就是直截了当地以问好作为问候的主要内容,适用于正式的公务交往,尤其是宾主双方初次相见。跟初次见面的人相会,要以一些客套话来招呼对方。最标准的说法是:"你好!"、"很高兴能认识您"、"见到您非常荣幸"。也可以说一些比较文雅的话,如:"久仰"或者"幸会"。与外国人见面时,简单而又合适的打招呼语是:"早上好"、"下午好"、"晚上好"、"您好"或"早安"、"晚安"。

(2)间接式,就是以某些约定俗成的问候语或适合当时状况的话题进行问候,主要用于非正式、熟人之间的交往。比如用"忙什么呢?"、"您去哪里?"等来代替直接问好。值得注意的是:对于这类问候,回答者不必实际回答要去哪里、干什么,一般只需回应以"出去"、"有点事"即可。而且对于外国朋友,一般不用这样的问候方式,这会被他们认为是想探听别人隐私的失礼行为;也不要见面就问"你吃饭了吗?",这样往往会被误解成你要请他吃饭。这是东西方文化差异使然。

不是特别正式的间接问候,也可以说"久闻大名"、"某某人经常跟我谈起您",或是"我早就拜读过您的大作"、"我听过您作的报告"等。

跟熟人寒暄,用语则不妨显得亲切一些、具体一些,可以说"好久没见了"、"又见面了";也可以说:"你气色不错"、"你的发型真棒"、"您的小孙女好可爱呀"、"今天的风真大"、"上班去吗?"等。

二、称谓

称谓用以指代亲戚、朋友、熟人或其他人员等,是表达人的不同思想感情的重要手段。人际交往,礼貌为先;与人交谈,称呼在前。称呼是沟通人际关系的信号桥梁。尊敬、亲切得体的称呼,是成功沟通联络的第一步,也体现出一个人待人谦恭有礼的美德,为双方进一步的交际和感情的交融打下基础。正确、恰当地掌握和运用称呼,是交往中不可忽视的一个重要环节。

(一)亲属称谓

亲属,是指与自己有着直接或间接血缘关系的人。自古以来,中国对亲属称谓的使用十分讲究,对父系家族和母系家族、长辈和晚辈、直系和旁系亲属,都有专门的称谓,千百年来已经形成规范。除对个人的称呼外,还有对亲属的合称,如父母、父子、母子、父女、母女、叔侄、公婆、夫妻、兄弟、妯娌等。

当然,对亲属的称呼也有对内对外,正式和非正式之分。如为讲究亲切,在家庭内部,儿媳对公公、婆婆,女婿对岳父、岳母,都可以称呼"爸爸"、"妈妈";有些地方的人习惯将姐夫、妹夫称为"哥哥"、"弟弟",对嫂子、弟媳则称为"姐姐"、"妹妹"。这样称呼主要是表示与对方"不见外",是自家人。

在人际交往中,需要介绍自己的亲属或者结识对方的亲属时,使用亲属性称呼有谦称和敬称两种:介绍自己的亲属,特别是对辈分或年龄高于自己的亲属应使用谦称,可在其称呼前加"家"字,如"家父"、"家兄"等,介绍辈份或年龄低于自己的亲属,可在其称呼前加"舍"字,如"舍弟"、"舍侄"等,称自己的子女时,可在其称呼前加"小"字,如"小儿"、"小婿"等。

结识他人的亲属应采用敬称,在其称呼之前加"尊"、"令"、"贤"字等。如对其长辈,在称呼前加"尊"字,如"尊母";对其平辈、晚辈,在称呼前加"贤"字,如"贤妹"、"贤侄";也可在其亲属的称呼前加"令"字,一般不分辈分和长幼,如"令堂"、"令郎"、"令爱"等。

此外,还有一些与亲属称相类似的称呼,我们通常叫亲近性称呼。如对于邻居、至交,可称"爷爷"、"奶奶"、"大娘"、"大伯"、"叔叔"、"阿姨"等;有时还可在称呼前加上姓氏,如"张阿姨"、"李叔叔"等。

(二) 社会称谓

1. 姓名性称呼

姓名性称呼是指工作的同事之间、学校的同学之间或者熟人之间称呼其姓名,是对一些年龄、职务与自己相仿的好同学、好朋友、好同事等人士常用的称呼语,如"张三"、"李四"。具体称呼可以有三种情况:其一可以直呼其名;其二可以只呼其姓,同时在姓前加上"老、大、小"等前缀,如"老姚"、"大陈"、"小朱";还有一种是只称其名,不呼其姓,通常限于同性之间,尤其是上司称呼下级、长辈称呼晚辈;在亲友、同学、邻里之间,也可使用这种称呼,如"惠芳"、"晓华"。

现在对长辈老者,以"老"字相称的较多,如"老人家"、"老先生"、"老伯"等;对德高望重的老前辈,常在其姓后加"老"字,如"杜老"、"程老"、"吴老"等,以示尊重。但是西方的一些国家却忌讳别人称自己"老"。

2. 职业性称呼

在工作中,有时以被称呼人所从事的职业来作为称呼语。对于从事某些特定行业的人,可以直接称呼对方的职业,如老师、医生、会计、律师、护士、服务员、解放军等,也可以在职业前加上姓氏、姓名,如在学校称"鲍老师"、"汪老师";在医院称"戴医生"、"蒋大夫";在工厂称"常师傅"、"朱师傅"等。

3. 职务性称呼

这是一种以被称呼人所担当的职务来作为称呼语的称呼,以示对被称呼者的尊重和礼貌,如"张经理"、"王局长"、"武主任"、"吕院长"、"刘厂长"等。有时也适用于极其正式的场合。

对专业技术人员也可以用他的专业技术职务称呼,如"俞教授"、"赵工程师"、"范会计师"、"谢医师"等。

(三) 通用称谓

通用称谓是社交场合最简单、最常用的称呼,特别是对彼此陌生、初次见面的人常用的一种称呼。这种称呼不区分被称呼人的职务、职业、年龄,可以直接称呼为同志、先生、太太、小姐、女士等。

正式场合,根据不同的性别,一般对男士统称"先生",对女子的称谓则有不同。为了表示对女性的尊重,可以称其为"女士(Madam)",也可称已婚女子为"夫人",称未婚女子为"小姐"。当称呼一个不明婚姻情况的女子,无论其年龄如何,一定是"小姐"。无论是"先生"、"小姐"或"女士",都可以连名带职务一起用,如"社长先生"、"凯瑟林小姐"或"詹妮弗女士"等。

在正式场合,可称其职务,或是对方引以为荣的头衔。这里须注意:对地位高的官方人士,按各国情况不同可称"阁下"或"先生",如"主席阁下"、"总统先生"等。对医生、教授、法官、律师以及有博士学位的人士,既可单独以这类职业名称相称呼,也可以在其前面冠以被称呼者的姓氏,如"波恩教授"、"基辛格博士"等。对军人则一般称军衔或军衔加"先生",也可加姓氏,如"上校先生"、"艾伦中尉"、"莫那中校先生"等。

按照国际惯例,在正规社交场合使用姓名时一般都要用全称。

欧美有些国家,朋友间可直呼其名以表示亲切友好。但这种称呼不适于初次相识,稳妥的方法是在对方要求你这样做时再用。

三、致意

招手致意是商务交往中打招呼时常用的礼节方式,是已相识的友人之间在距离较远或不宜多谈的场合,用无声的动作语言,相互表示友好与尊重的一种问候礼节。致意礼的最佳距离为2米~5米。

致意礼的方式多种多样,常用的有五种:一是举手致意,在公共场合远距离遇见朋友,一般抬起右臂轻轻摆动,手掌心朝向对方;二是点头致意,在不宜交谈的场合,朝向对方轻轻一点头;三是微笑致意,常和其他礼仪相伴进行,可用于不相识的人初次会面,还可以用于在同一场合与反复见面的老朋友"打招呼";四是欠身致意,当在社交场合被他人介绍和别人向自己致意时,常常在目视对方的同时,身体微微向上向前倾,以表示对对方的尊敬之意;五是脱帽致意(女士不行脱帽礼),戴帽子的男士在遇到友人特别是女士时,应微微欠身,摘下帽子,并将其置于与肩膀平行的位置,同时与对方交换目光。一般运用这种礼节时,受礼的一方若在施礼者的右侧,则用左手摘下帽子;受礼的一方若在施礼者的左侧,则用右手摘下帽子。

致意要注意举止文雅,一般不要在致意的同时,向对方高声叫喊,以免妨碍他人。遇到对方向自己致意,应以同样的方式向对方致意,毫无反应是失礼的。遇到身份较高者,不应立即起身去向对方致意,而应在对方的应酬告一段落之后,再上前致意。在餐厅等场合,若男女双方不十分熟悉,一般男士不必起身走到跟前去致意,在自己座位上欠身致意即可。女士如果愿意,可以走到男士的桌前去致意,此时男士应起身协助女士就座。致意的动作不可马虎或满不在乎,必须认认真真,以充分显示对对方的尊重。

第二节 接待礼仪

一、迎送

接待人员是内外联系的纽带。客人来到公司,必然是有业务往来的客户,属于公司的服务对象。因此,了解对方需求,并能准确传达给相关人员,切实满足其需要,是接待人员的重要任务。不管是负责接待 VIP 客户,还是接待联系业务的客人,公司接待人员就是公司形象的代表,礼仪风范尤为重要。

（一）迎接时的礼仪

1. 把握分寸的鞠躬礼

我们国内通行的鞠躬礼包括 15°、30°和 45°的鞠躬行礼。15°的鞠躬行礼是指打招呼,表示轻微寒暄;30°的鞠躬行礼是敬礼,表示一般寒暄;45°的鞠躬行礼是最高规格的敬礼,表达深切的敬意。在行礼过程中,应上身保持直立,以腰为轴,眼神随身体一起前倾然后慢慢回复直立,鞠躬时切忌臀部后翘。通过训练,可以使你的鞠躬礼自然,令人舒适。

2. 亲切友好的笑容

要想拉近彼此的距离,一定要展现你的笑容。微笑是世界的共通语言,就算语言不通,轻轻一笑,就可以拉近彼此的距离。在有些情况下,甚至不需要一言一行,只要一个笑容就可以打动客人。所以,笑是接待人员最好的语言工具。相信任何客户看到你天使般的笑容时,都不会对你产生排斥的心理,还会留下极好的印象。所以,要想拉近你与客户之间的距离,一定别忘了展现你天使般的笑容。

所以,访客接待的第一秘诀就是展现你的亲切笑容。当客户靠近的时候,你面带笑容地亲切问候:"您好,请问有什么需要我服务吗?"一定是为服务工作加分的不二法则。

接待人员的笑容应该是持续一贯的,深浅适度的,发自内心的。只有发自内心的微笑才是最真诚的笑容。而接待人员要想在任何情况下都能展现这样的笑容,就需要对其进行刻意的训练。人的脸上一共有17块肌肉,它们会牵动每一个笑容,只要有一块肌肉失去作用,你的笑容就不能完美展现,所以要多多练习如何微笑。当然,很好地控制自己的情绪也是进行训练的一项必不可少的内容,只要做到这两点,你就可以拥有自然而又亲切的笑容了。

3. 温馨适宜的招呼话语

(1) 使用生动得体的问候语。所有的服务行业都要使用规范的服务用语。所谓的服务用语就是重点表现出服务意识的语言,如"请问,有什么需要我服务的?"、"请问有什么可以帮助您?"这样的问候语既生动又得体,需要每个服务人员牢记于心、表现于口。类似"找谁?有事吗?"这样的问候语,有拒人于千里之外之感,高水平的服务人员是绝不会采用的。

(2) 使用简单明了的礼貌用语。简单明了的礼貌用语在生活中很常用。服务人员是服务岗位上的主人,客人需要你提供全方位的服务,包括热情体贴的话语,多说"您好"、"大家好"、"谢谢"、"对不起"、"请"等礼貌用语,可以向顾客展现你的专业风范,体现出服务人员训练有素的职业能力和高超的职业水准。

(3) 使用客人易懂的话语。一句话可以得罪人,同样也可以令人感受到你的亲切,愿意与你交谈。服务的目标是使旅客有宾至如归之感。说话时过分的书面化或者程式化,会使客人产生很强的距离感。当你接待顾客时,最好不要或者尽量减少使用专业术语。许多顾客可能无法听懂那些专业术语,如果你在与其交谈时张口闭口皆术语,就会让顾客感觉很尴尬,使交流受到影响。所以,要让顾客切身感觉到你的亲切和友善,就要使用充满温馨关怀、通俗易懂的说话方式。因此,一些家常的亲切问候是非常受欢迎的。下雨的时候,一句"您没带伞,有没有着凉?"就是充满温馨的关怀话语。同样,如果外面在下雪,客人带着满身的积雪走进你所在的公司,你立刻递给他一张纸巾,这张薄薄的纸擦在客户的头上,却暖在了客户的心里,这种无声的话语会令客户倍感温馨。要学会根据环境变换不同的关怀话语,拉近你与客户之间的距离,让顾客产生宾至如归的感觉。

(4) 要积极回应旅客的需求。对于来到服务岗位前的客人,首先需要的是及时的服务来满足他们的各种需求。对他们的来到表示出关心,对他们的要求热情、及时回应,都是最重要的接待礼仪。比如,当客户说"对不起,请问你们总经理在不在"时,接待人员要马上回答"您找我们总经理吗?麻烦您稍等一下……",然后迅速落实响应的接待措施。与此同时,自然展现出合宜的肢体语言。

(5) 要学会赞美客人。没有人不喜欢被赞美,这是人的一种天性。赞美用语是公关工作最好的润滑剂。所以,对服务行业来说,做好对顾客的赞美工作就显得非常重要。学会对不同对象从不同的方面去赞美,就会取得良好的效果。

(6) 要特别注重语言禁忌。常见的双关语、忌讳语及不当言词都是一般人平时较为忌讳的话语。当你不小心触及这些话语,很有可能会令他人感觉不舒服,甚至对你产生厌恶感。对服务行业来说,了解哪些话语不宜说非常重要,一旦因为一句话得罪了顾客,后果可能就会比较严重。

4. 恰当地运用眼神

接待人员在回答客户的咨询时,眼睛一定要看着客户,这是尊重客户最基本的礼节。人的眼神是面部表情中最丰富生动的,也是最善于传情达意的,甚至无声胜有声。所以,在人际交往中眼神的运用是颇有讲究的。人在交谈时,视线接触对方脸部的时间应该占全部谈话时间的30%~60%。长时间凝视对方会被认为是对私人空间或势力范围的侵犯,是不礼貌或挑衅的行为;完全不看对方,则可能被认为是自高自大、傲慢无礼的表现,或者试图在掩饰什么,如空虚、慌张等。

从视线停留的部位可反映出三种人际关系状态:① 视线停留在两眼与胸部的三角形区域,被称为近亲密注视,多用于朋友间的交谈;② 视线停留在双眼和嘴部之间的三角形区域,被称为社交注视,是社交场合常见的视线交流位置;③ 视线停留在对方前额的一个假定的三角形区域,称为严肃注视,能制造紧张气氛,如果你的视线停留在这一区域,就会使对方感觉到你有正事要谈,使你保持了主动。

眼神变化能够准确地传递某种信息。不同的视觉方向表达不同的含义,如仰视表示思索,俯视表示忧伤,正视表示庄重,斜视表示蔑视等,不可随便使用。此外,眼神的变化要自如协调,要与有声语言有机地配合在一起,不能只顾眼神不顾其他或者两者分离。如果将每一位前来的客户都想象成你的熟人、朋友,这样相信你就会对其报之以发自内心的关切眼神了。同时眼神一定要带着表情,充满笑意。

眼神应充满亲切感。你看客户的眼神一定要柔和,要充满亲切的感觉,让客户感应到你的友好。千万不要对客户说出类似"有什么事!找谁!等一下!"等生硬的话语,因为在你与客户说这番话的时候,你的眼神一定透露出极度的不友好,客户会被你的眼神吓跑。

5. 交谈时的安全距离

按照礼仪要求,双方交谈时要保持安全距离。安全距离是指即使你伸长手也接触不到对方身体的距离,这就是最安全的距离。异性之间交谈,若女性不自主地往后退了一步,就表示你与她的距离没在安全距离之外。接待人员保持最适当的距离,让客户感觉不到压力,这样才能让客户安心与你交谈。

6. 迎接访客的禁忌

作为接待人员,要避免使用不良的方式去对待访客。一些令人不悦的服务表现有:当顾客进来时,假装没看见继续忙于自己工作;一副爱理不理甚至厌烦的应对态度;以貌取人,依客人外表而改变态度;言谈措词语调过快,缺乏耐心;身体背对着客户,只有脸向着顾客;接待的同时未停止与同事聊天或嬉闹的动作;看报纸杂志,无精打采打哈欠;访客来到面前仍继续打电话聊天;双手抱胸迎宾;长时间打量客户。

(二)送行时的礼仪

不同的客户应享受不同的送客礼。虽然都是谦恭有礼,但是每个公司要根据实际情况的不同将客户送至不同的地点,从而也就需要不同的送客礼。一般来说,客户离开时都要享受"全员送客礼",其他的主要送客礼还有电梯送客礼、门口送客礼以及车旁送客礼。

1. 全员送客礼

全员送客礼一般发生在客户离开公司,经过办公室的时候。如果访客恰好经过员工办公的地方,员工看见访客应该马上站起,每人都看着客户说一声"谢谢!再见!",力求做到"人人迎宾,人人送客"。这样的举动看似小题大做,其实很有必要,它会带给客户宾至如归的感觉。

2. 电梯送客礼

电梯送客礼是指将客人送至电梯口,等电梯即将关上时,再次行礼并道再见。将客户送到电梯口时,接待人员在电梯门关上之前,都要对客户注目相送,等电梯即将关上的一刹那挥手示意或行最后一次的鞠躬礼,并说声"谢谢,欢迎再次光临!再见!"

3. 门口送客礼

门口送客礼是指将客人送至大门口,目送客人离开再返回工作岗位。接待人员要将客人送到门口,等到客人即将离开时做最后一次鞠躬,同时说"谢谢,欢迎再次光临",并目送客人的身影,直至消失不见再返回自己的工作岗位。

4. 车旁送客礼

车旁送客礼是指将客人送至汽车旁,等车子开走再离开。将客户一直送到他的车旁,一定不要忘了在将关车门的一刹那做最后一次鞠躬并说"谢谢,请注意行车安全",然后目送车子离开,直至看不见车影再离开。

二、引导与指示

接待过程中的第二个阶段是将客人安排到合适的地点进行会晤或服务,这期间的行为也是服务水准体现的重要环节。

(一)引导手势要优雅

接待人员在引导访客的时候要注意引导的手势。男性引导人员的正确手势应该是,当访客进来的时候你只需要行个礼,鞠个躬;当你的手伸出的时候,眼睛随着手动,手的位置指向哪里眼睛就跟着去哪里。

女性接待人员在做指引时,上臂与身体之间离开幅度不宜太大,手从腰边顺上来,视线随之过去,明确地告诉访客正确的方位;当开始走动时,手就要放下来,否则会碰到其他过路的人,等到必须转弯的时候,再次使用手势和语言告诉访客"请走这边"。打手势时,忌五指张开或表现出软绵绵的无力感。

在行进中,如果与客户即将擦身而过的时候,应该往旁边靠一下,并轻松有礼地向他鞠个躬,同时说声"您好"。千万不要无视客户的存在,装作没看到客户,头一扬就高傲地走开。

(二)注意危机提醒

在引导过程中,要注意对访客进行危机提醒。比如,在引导访客转弯的时候,熟悉地形的你知道在转弯处有一根柱子,这时就要提前对访客进行危机提醒:"请小心这边的柱子";如果拐弯处有斜坡,就要提前对访客说"请您注意,拐弯处有个斜坡"。关切的话语既避免了可能出现的不安全因素,又体现了对旅客的贴心关怀。让顾客高高兴兴地进来、平平安安地离开,这是每一位接待人员的职责。

(三)搭乘电梯的礼仪

访客来临,需要有专门的接待人员引导其进入公司内部。除了温馨适宜的招呼语之外,接待人员还要学会如何引导客户搭乘电梯。如果进入无人服务电梯,那么伴随客人来到电梯厅门前时,接待人员应先按电梯按钮;电梯到达门打开时,可先行进入电梯,一手按开门按钮,另一手引导客人们进入,并礼貌地说"请进",请客人们进入电梯;进入电梯后,按下目的地楼层按钮,站到电梯开关侧;不要背对访客站立,也不要面对面,最好与客户保持45°的斜角,用余光观察客户。行进中,如有其他人员进入,可主动询问要去几楼,帮忙按下;到达目的地楼层,一只手按住开门按钮,另一只手做请出的动作,可说:"到了,您先请！"，客人走出电梯后，自己立刻步出电梯，并热诚地引导行进的方向。如果电梯内人多，应先到电梯外一侧控制"开"按钮，等客人全部出来后，再做引导。

如果搭乘有人服务电梯，则应当"后进后出"。在电梯内不用寒暄，也不可大声喧哗或嘻笑吵闹，不能抽烟。

引导客户搭乘电梯的礼仪主要强调的是以客为尊，先客后己。为了避免发生踩脚、夹门等不良事件，接待人员要时刻想着为客户控制好电梯开关，在确保没有任何危险的情况下再让客户出入。

（四）上下楼梯的引导

上下楼梯时，请客人走在楼梯的里侧，不要并排行走。如果是陪客人上楼，先将正确的方位很明确地告诉客人后，请客人走在楼梯里侧，陪同人员走在客人的后面；如果是下楼，陪同人员应该走在客人的前面，楼梯的中央，配合客人步伐速度引导下楼。如果是上下人较多的公共楼梯，则应注意"右上右下"原则，使有急事的人就可以从左边的急行道通过。

上下楼梯的时候，注意礼让别人，不要和别人抢行，并且减少在楼梯上的停留，楼梯上来往的人很多，所以不要停在楼梯上休息、站在楼梯上和人交谈或是在楼梯上慢慢悠悠地走。遇到有人同时要上、下楼梯时，要先让下楼的走了后，再上楼。

（五）会客室大门的开启

会客室的门分为内开和外开两种，在打开内开门时不要急着把手放开，这样会令后面的客户受伤；如果要开外开门，就更要注意安全，一旦没有控制好门，很容易伤及客户的后脑勺。所以，开外开门时，要用身体挡住门板，并做一个请的动作，当客户进去之后再将门轻轻扣住，以维护客人的安全，接待人员一定要注意。

（六）商务车座次安排

在普通小轿车的座次安排中，主宾一般都坐在离主人较近、容易上下车的地方；若有专职司机，则尊位是后排右位，可以安排主宾乘坐，其次是后排左位、后排中间位。副驾是随行人员的座位；若是主人亲自开车，主宾应坐在副驾位置，以示与主人共同面对风险，体现友好之意。两对夫妻同坐，女主人坐在男主人右侧，男主宾坐在女主宾右侧；男主人与一对夫妻同车，男主宾陪坐在男主人右侧，女主宾则坐在右后座。

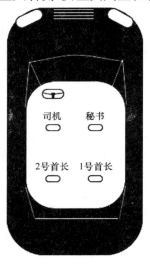

吉普车主宾座位在驾驶座旁边；九座小客车座位有三排，以中排靠近右车门旁边座位为主位，然后依序往左边推算，前排靠近右车门的人要负责帮忙拉开及关上车门，所以是年龄辈分最低者；游览车的车次安排，是从驾驶座后面第一排右侧开始，由右而左算起，越往后面年龄、辈分越低。

由此可见，若商务车类型不同，主宾的座位安排也要做出相应调整。所以，接待人员一定要事先了解自己引导的客户将要乘坐的是哪种类型的车，然后才能正确地将客户引导至恰当的位置。

第三节 顾客异议处理

一、旅客异议的产生原因

在航空公司为旅客提供其需要的服务时，有可能因为双方在很多情况下没有达成共识或者是沟通不良，从而导致旅客对我们的服务产生异议。要有效地处理旅客的异议，争取旅客对公司的忠诚度，首先要分析旅客对我们所提供服务产生异议的原因，主要可能有以下几点。

（一）航班的不正常运输

航空业作为运输业的一部分，其产品比较特殊，不是实物形态的产品，而是人或物在空间上的移动即位移，具有不可存储性，因此旅客对航空公司是否在确定的时间将其运送到确定地点的要求比较高。但是，飞行要保证安全，必须考虑诸多的因素，如天气、空中管制、航班调配、旅客健康等，也就可能因为这些原因导致延误、暂时不能停靠、返航等。旅客的要求和飞行的需要在这时就发生了冲突，这是使旅客产生异议的重要原因。

（二）服务不周到

一方面，在一个航班上配置的乘务人员是定额的，并且每个乘务人员的分工是清晰明确的，由于人员的限制不能同时满足所有旅客的需求，可能会导致旅客的异议；另一方面，由于乘务员自身素质的差异，有些乘务员知识、能力、素养和处理突发事件的经验不够，从而不能提供令旅客满意的服务，也有可能会使旅客产生异议。

（三）设备设施或物品不齐全

客舱内部构造虽然在设计的时候有充分考虑到旅客的需求，追求为旅客提供舒适的客舱环境，但不同的旅客有不同的需求，因此很难使每一位旅客都感到满意，如旅客会抱怨客舱过于拥挤等。而飞机上所需要的物品也是在事前就根据旅客的基本需求和飞机的载重平衡要求所定额配制的，在数量或者质量上可能会与旅客的要求有所差距，从而导致旅客的异议。最常见的是餐食或者是报纸杂志的数量不能满足旅客需求而产生的异议。

（四）飞行意外

飞行会受到天气的影响，比如遇到乱流、晴空湍流、风切变等，会使飞机出现颠簸的情况，这时候可能会使旅客感到惊慌和恐惧，甚至可能导致旅客的突发疾病，或者是摔倒，或者是突发事件如行李的掉落造成旅客的损伤，如果在处理的时候稍有不慎就有可能会引发旅客的异议。

(五)飞行的特殊要求

航空业是一种高科技的运输方式,要采用要求精密的数据和精确的导航,同时必须确保飞行的安全,因此会对旅客有一些特殊的要求,如飞行时必须关闭手机以避免干扰电波发射;旅客必须系好安全带;在起飞和降落的时候要收好小桌板;起飞和降落的时候要关闭洗手间;必须把自理行李放在行李架上等。这些要求都有可能会导致旅客异议的产生。

(六)突发事件的处理不及时或不恰当

在飞行期间有可能会出现一些意外的状况,如果乘务员没有及时处理或者是处理方式不太恰当都有可能会引起异议,甚至发生大的争端。如在某航空公司航班飞行途中赵女士的餐食中有硬物,不慎将其牙齿崩落,事后航空公司未及时安排其就医,赵女士投诉到当地的报纸,从而影响了该航空公司的声誉。也有旅客在飞行途中因为争抢洗手间的优先使用权而发生武力争执,但乘务员和安全员视而不见从而引起旅客的投诉。

二、旅客异议的正确应对

空中乘务员是航空公司的一线工作人员,直接代表公司的立场和形象,在航空业竞争日益激烈的今天,如果不能积极有效地处理旅客的异议,则会导致客户的投诉甚至是失去客户,对航空公司的运营也会产生相当的影响,因此,如何应对旅客的异议成了关键。根据前面原因的分析,我们可以总结出如下一些应对方式供借鉴。

(一)处理旅客异议的准则

1. 旅客永远是对的

这是服务礼仪的一项基本规则。树立了"旅客永远是对的"这一观念,就会以平和的心态来处理旅客的问题。要认识到,有抱怨和不满的旅客是对企业仍然有期望的旅客,旅客的抱怨和不满其实是一种珍贵的"合作"信号。因此,代表服务提供方首先对旅客给予肯定、鼓励和感谢,并尽可能地满足客户的要求,是有效处理异议的第一步。这样做不是要对旅客的一切所作所为都直接予以肯定,而是意味着作为旅客有权利对乘务人员进行严格要求,有权利对服务提出批评、建议或投诉。

2. 正确看待异议

不必急于澄清自己,而是要以真诚、友好的态度对待旅客的异议,千万不要把旅客的异议视为对自己的指责和刁难,这是处理旅客异议的基本准则。首先,我们应当认为旅客有异议是正常的,异议不仅是企业了解旅客意见的线索,也是旅客对我们的信任和对优质服务的期望。而旅客提出异议对企业改善服务是一种帮助,因此应当尽可能地满足其要求,完善我们的服务内容。航空公司或乘务员正是在不断地满足和解决旅客异议的同时得到学习和成长的机会,不断地提升公司和乘务人员自身水平的。

也许这种学习的机会有些强迫性,但其效果却是明显的:在处理异议的过程中直接锻炼了乘务人员对问题处理的能力;锻炼了乘务人员的耐心;培养了乘务人员和旅客的沟通能力;让乘务人员从根本上意识到服务的重要性和感知旅客的确切需要,从而会给乘务人员留下很深的印象,避免将来再次引起旅客异议。而对于某些问题给予相对应的改进,还可以从根本上提高综合服务质量。如果没有旅客的异议,我们可能会永远不知道如何有效地改进自己的工作,还要漫无目的地摸索。

3. 尽一切可能努力地弥补旅客的心理缺憾

旅客异议产生的原因可能与物质有关,但归根结底其寻求的是心理的满足。有效处理异议的过程就是提供"超越旅客需要"的服务的过程。在处理异议中,让客户感动、获得意外之喜,是最有效的处理方式。航空运输的一大特点是为旅客提供舒适的高品质服务,当旅客的直接需求无法满足时,给予适当的"补偿性关照"也是极为有效的措施。所谓患难时刻见真情,正确地处理危难处境往往也能与旅客建立深厚的感情。如在发生飞行意外,需要紧急迫降的时候,空乘人员要以旅客利益为重,与旅客同心协力克服恐惧,最终赢得旅客的敬佩。

4. 处理要及时

我们相信人人都有一颗包容心,是能够理解他人、体谅他人的。很多异议处理之所以失败,往往是因为没有及时回应,导致旅客误认为服务人员对他们本人以及他们的需求、意见不够重视,从而产生误解。因此,在遇到旅客异议时一定要注意急旅客之所急,重视旅客提出的任何意见。

(二) 如何处理旅客的异议

在给旅客提供服务时,不可避免地会接到旅客投诉,对待不同的投诉时有不同的处理办法,这主要是因当时的投诉环境、事件原因、旅客特点等会有所不同。但总的来说,处理类似的投诉要遵守一些原则和方法。

1. 倾听

不管旅客是如何的气势汹汹、喋喋不休,有经验的乘务人员都会微笑面对,先做个好的倾听者。就是让旅客将不满的"牢骚"发泄出来,然后再进行解释、安抚工作。这时候倾听是最正确的处理,正在气头上的旅客,只有等其发泄完了,才有可能听得进去乘务人员说的话。在旅客怒气未消的时候就发表意见,可能会引起客户更大的反感和不满。而且一切解释语或安慰语都是多余的,像:"您没明白我的意思"、"您肯定弄错了"、"请平静一点"、"这是不可能的"这类话,不但解决不了什么问题,甚至还会使旅客火气上升。倾听旅客投诉的时候,要表现出耐心和关心,不要一开始就假设明白旅客的意愿。

当旅客找乘务人员倾诉、投诉的时候,要做好这些准备:给旅客倒上一杯水,这样更能方便旅客先消消气、放松心情。要带上笔和笔记本。在倾听的时候,要善用自己的身体语言,用关注的眼神及间歇的点头来表示自己正在仔细地倾听,让旅客觉得自己的意见受到重视。同时,也可以让乘务人员观察对方在述说事情时的各种情绪和态度,并了解旅客目前的情绪,以决定以后的应对方式。倾听不仅是一种动作,还必须认真了解事情的每一个细节,然后确认问题的症结所在,并利用纸、笔把问题的重点记录下来。乘务人员要确认所听到的和旅客所要求的并没有不同的地方,不清楚的地方一定要询问清楚。以具体的、量化的方式向旅客确认谈话的内容。等旅客把话说完之后,再提意见或疑问。如果对于抱怨的内容还不是十分了解时,可以在旅客将事情说完之后再请问对方。但在确认的过程中,千万不能让旅客产生被质问的印象,而应以婉转的方式请对方提供情况,比如:"很抱歉,有一个地方我还不是很了解,是不是可以再向您请问有关……的问题"。并且在对方说明时,随时以"我明白了"来表示对问题的了解状况。

2. 道歉

争辩=失去客户。在听完旅客抱怨以后,不管旅客的抱怨是否合理,要立即向旅客诚恳地道歉,以平息旅客的不满情绪。这样做并无很大困难。但如果乘务员为了摆脱干系而不停地解释,则很有可能使旅客的一般意见升级,从意见转化为不满、愤怒,甚至上升为投诉。当然,千万不要为了平息旅客的怒气,而随便向旅客承诺什么,一定要留有余地,以免做不到的时候让旅客更加失望。要对事件的原因加以分析、判断,有些旅客可能比较敏感,喜欢小题大做,遇到这种情况千万不要太直接地指出客户的错误,应该婉转地、耐心地向他解释,以取得旅客的谅解。如果真的是旅客错了,也千万不要责备他,相反要概括地说明问题,说明这是个误会,或者把责任归于自己的解释不清而引起了误会。间接婉言说出,可以维护对方的自尊心,没有必要把内疚或不满留给旅客。

3. 解决问题

在提出解决问题方法的时候,要按照航空公司的规定,并站在旅客的立场,尽量满足旅客的要求。与旅客达成共识后,必须迅速采取补救行动,而不能拖延。否则,旅客的抱怨不仅不会消除,反而会加重,甚至又产生新的不满。前来投诉的旅客,除了要解决问题,更多的是要得到一种心理平衡。所以有的时候可以采取"补偿性关照"这样的技巧来巧妙满足旅客的要求。包括:提供可替代的服务。如果乘务人员不能按照旅客的要求去做的时候,可以告诉客户目前能够做到的、最接近其需要的事情是什么,向其提供至少两个可供选择的替代方案。如果提出解决问题的方案后,旅客仍不满意,就可以问问其意见,看看到底他需要什么样的服务或补偿才能够平息心中的不满,尽最大的可能来满足旅客的需求。当然,如果旅客提出的意见超出公司的规定或是乘务人员的权限范围,那么就要先请示领导再做定夺。特别是一些"无理"的或是难以达到的要求,作为乘务人员决不能轻易的开口子,否则就是对其他旅客的不公平,以后的服务工作也就难以开展了。

4. 兑现服务承诺

协商、确定好异议的解决办法之后,就要兑现承诺。不兑现服务承诺,就会给旅客留下这样的印象:你并不在乎他;客户无法信任你;公司不讲社会道德、没有责任感;公司不想和他继续往来。一旦承诺给旅客答复,就要抓紧时间,这是避免接到投诉的一个办法。

5. 务必确定旅客是满意的

可以在服务过程结束的同时,问旅客一两个简单的问题,比如:"我们是不是已经解决了您的顾虑了?"、"有其他事情可以再为你服务吗?"确定旅客是否真的感到满意,这是异议处理模式的"善始善终"的做法。

6. 处理完异议后要做总结和完善

这样做的目的,是为了避免在今后的工作中重蹈覆辙、发生类似的异议。并且在可能的情况下,给旅客以适当的补偿或处理异议后进行信息跟踪,这样往往会起到更好的效果。

三、有效避免旅客异议

航空公司最希望的是给旅客提供舒适的高品质服务,旅客满意是公司一直以来的追求。既然如此,防患于未然才是上策。虽然旅客异议的产生有主客观的诸多原因,但旅客是明白事理的,很多时候,公司之所以会失去旅客往往是乘务人员服务方式上出现了问题。

(一)事先准备

这种准备包括物件准备和心理准备。

1. 物品准备

前面分析旅客异议产生原因的时候提到旅客的异议可能来自于物品准备的不齐全，那么乘务人员可以根据自己的飞行经验提出一些建议，比如这个航班是在淡季的时候飞行，又是两个枢纽城市的航线，那么商务公务旅客一般说来会占比较大的比例，他们比较关心时事，这时候可以多准备一些报纸。在节假日时出门旅游的旅客占大多数，他们比较关心旅游景点的消息，可以准备一些景区或酒店介绍等。

2. 心理准备

在旅客登机以前，乘务员必须清晰地知道自己并不是十全十美的，航空公司为旅客所提供的相关设施物品和服务也不是绝对周全的，所以旅客完全有提出异议的可能，这并不是旅客在刁难我们，我们必须为旅客着想，满足旅客的需求，及时处理旅客的异议，这是我们的正常工作内容和职责所在。而不是把旅客的异议视作一件很烦很意外的事情，认为是旅客无理取闹，相反，我们应该认为这是公司争取客户的契机，解决好了旅客的异议可以提高旅客的忠诚度。当然这也是我们学习和完善自我的契机，可以从旅客的意见中学习和完善自己。有了这种心理准备就可以以一种轻松自如、平和的心态处理异议，对异议的解决会有很大的促进作用。

（二）端正服务态度

乘务人员端正服务态度，在服务的过程中律己从严，在接待旅客的时候主动服务、热情服务、周到服务，可以避免异议的产生。

1. 主动服务

所谓主动服务，就是服务要在旅客开口之前。一个简单的服务却已包含着这样一个意义：旅客服务表现了提供服务的单位功能齐全与完备，主动服务也意味着要有更强的感情投入。有了相应的服务规范和工作标准，只能说是有了为达到一流服务而应具备的基础条件，并不等于就有了一流的服务。乘务人员只有把自己的情感投入到一招一式、一人一事的服务中去，真正把旅客当作亲人，真正从心里理解、关心他们，才能使自己的服务更具有人情味，让旅客倍感亲切，从中体会到服务单位的服务水平。

2. 热情服务

所谓热情服务，是指乘务人员出于对自己所从事职业的肯定认识和对旅客心理的深切理解，而富有同情心地、发自内心地、满腔热情地向旅客提供良好服务。服务中表现为精神饱满、热情好客、动作迅速、满面春风；服务态度好坏的评价，与热情、微笑、耐心等都有关系，但以上这些还不是服务的实质内容，衡量服务的根本标准最终在于是否有积极主动解决客户要求的意识和能力，是否能完善地提供具体的服务。

3. 周到服务

所谓周到服务，是指在服务内容和项目上，想得细致入微，处处方便旅客、体贴客户，千方百计为旅客排忧解难。这些服务是实质性的，是旅客能直接享受到的。周到服务还体现在不但能做到做好共性规范服务，还能做到做好个性服务。个性服务有别于一般意义上的规范服务，它要求有超常服务。所谓超常服务，就是用超出常规的方式满足客户偶然的、个别的特殊需求。

周到服务还要求有更为灵活的服务。服务单位的标准、规章制度和服务规范，只是解决了服务的技术标准和大致的行为规范问题。而服务对象却是千差万别的活生生的人，乘务人员面对的是瞬息万变的事物。一流的服务不应仅仅把旅客当成流水线上的半成品,一成不变地照搬规范,而应是在规范的基础上创造性地、灵活地处置各种意外情况,以尽量满足旅客突发而至的各种需求,从而在旅客心目中留下深刻的印象。

周到服务还要求有更具体、更细致的服务。旅客消费,想得到的不仅仅是物质产品,更重要的是希望享受到轻松的氛围、惬意的回忆、体贴的照顾,这就要求服务人员能从旅客的角度出发考虑问题,根据他们的不同需求提供针对性的服务。

要达到周到服务的要求,首先要有良好的服务规范作为前提和基础。个性服务不是想当然的、没有标准的服务,而是源于规范服务、又高于规范服务。两者互为依存、互为促进。如果只停留和满足于规范服务,不向个性化服务发展,服务水准难于上新台阶,个性服务和规范服务并重,更能显示出服务的周到性来。

案例举要

案例: 某公司前台秘书王某每天都要接待很多来访的客人。她见到来访的客人总是微笑着问:"您好,请问有什么事?"有的客人已是多次来过,再来的时候就不向前台打招呼,直接进去了。王某认为这样也好,不必进行登记,可以节省时间,提高工作效率。王某经常一边接电话,一边招呼客人,有时候来电话的人太多,王某就会加快语速,以求快点结束。有一天,一位客人向总经理投诉王某,说她在电话里的态度生硬。总经理让王某好好检查一下自己的工作态度,她觉得很委屈,认为自己完全是为了工作,否则难以应付日益增多的访客和电话。

点评:

1. 王某打招呼的语言有问题,不应该问"有什么事",而应该更委婉,例如可以说:"欢迎来访"、"我有什么能帮到您"等。

2. 无论客人是否经常来,都要到前台登记,按规章去做,否则会造成公司管理水平的降低。前台秘书的责任之一就是要为客人进行登记、联络、分流。

3. 王某在打电话时的语速太快了,以至于让客人觉得态度不好,应该按照礼仪要求去做。否则引起纠纷会耽误更多的时间。

4. 如果确实忙不过来,上司可以考虑增派一人到前台。

思考与讨论

1. 称一个人为"李丹梅小姐"、"小李"、"李丹梅"、"丹梅"或"梅"意味着彼此间的关系有怎样的不同?

2. 把学校、家庭、未来的工作单位可能会见面称呼的人进行大致分类,应该如何称呼?

3. 如果我们在社交场合,遇到的是残疾人,如坐在轮椅上的人,或者聋哑人等,在见面礼仪这方面,应该如何做好准备?

4. 从迎接客人、接待客人到送别客人的整个接待过程中,客人的心理在不同的阶段有什么不同,或者有什么变化?我们应如何应对服务?

5. 初次乘机的旅客可能有什么样的心理,我们应该注意提供怎样的服务?有什么需要注意的?

6. 旅客乘机最重要的需要是什么?应注意什么?

学法指导

1. 课堂讲授
2. 案例分析
3. 模拟演练

本章教学目标是学生实际礼仪服务能力的培养,因此以老师讲授、指导,同学实际演练,完成教学训练项目为主。教师首先讲解并组织同学通过实际演练掌握日常服务基本操作要领和操作流程,达到能够熟练应用;在此基础上通过案例分析和讨论,完成模拟服务情景的处置,完成复杂情况下应变能力的培养。

自我检测

1. 由一名同学扮演接待人员,其他同学设计出不同的身份标签,扮演各种客人,然后轮流练习礼貌地称呼和问候。着重从与人相见时能否主动问候、称呼是否得体、问候次序、问候语言、问候态度几个方面考查自己是否达标。

2. 学校迎来百年校庆,将举办一次庆典活动,会邀请省教育厅领导、合作企业领导、兄弟院校领导和代表、各届校友参加。请设计接待方案。要求:需涉及接待人员确定、接待分工、接待程序、接待场地、经费预算。着重考查接待过程中对客人称呼、及时应答、身体姿态、眼神运用、各种场合的引导方式、安排室内场所座次、安排车辆座次。

3. 同学课后搜集航空公司服务成功或失败的案例,在课堂上进行分组扮演乘务人员,正确处理旅客异议。同学自评、小组互评、教师点评。

背景知识链接

1. 谢苏. 旅游社交礼仪. 武汉:武汉大学出版社,2006.
2. 鄢向荣. 旅游服务礼仪. 北京:清华大学出版社,北京交通大学出版社,2006.
3. 孙秀萍,李永. 空乘礼仪漫谈. 北京:中国民航出版社,1996.
4. 金正昆服务礼仪(video. baidu. com)
5. 金正昆现代礼仪(video. baidu. com)
6. 奥运礼仪小姐训练(video. baidu. com)

第四章 语言礼仪

学习提示

语言是人心灵的体现，是表现人们心灵的窗口。我们从中还可以看到一个国家、一个民族的精神面貌。斯大林说："语言是工具、武器，人们利用它来互相交际，交流思想，达到互相了解。"一个人的语言可以表现一个人的道德水准和教养水平。

言谈不是一门科学，而是一门艺术，语言礼仪正是使言谈成为了一门艺术。"酒逢知己千杯少，话不投机半句多"言谈的优劣直接决定了言谈的效果。

作为一种表达方式，语言交流首先要随时间、场合、对象的不同表达出各种各样的信息和丰富的思想感情。了解交谈礼仪的原则和重点，对人们顺利进行人际交往有莫大的帮助。

教学目标

1. 认识语言礼仪在沟通中所起的作用。
2. 了解语言礼仪的本质。
3. 掌握语言礼仪的要求。
4. 明确沟通中语言表达的技巧。

第一节 问候的艺术

问候是人与人之间建立语言交流的方法之一，是交谈的开始。日常交谈中，有人把问候看成是虚伪的，而这些看似可有可无的啰嗦背后却包含着一份真诚的感情。

一、问候的对象

问候的对象主要是陌生人和熟人。初次见面，要主动打招呼，向对方致以真诚的问候。现在社会人们的物质生活日益丰裕，但"鸡犬之声相闻，老死不相往来"也并非天方夜谭。生活在同一栋楼里的人常常不知自己对面邻居姓什么；在走廊、过道中邻居们相遇也是默然而过，谁也不愿用真诚的问候抢先招呼对方，许多人对这种感情淡漠、世风日下之情而忧心忡忡。其实，只要巧妙地运用问候语，真诚地和他们打招呼，你就会发现，别人与你一样渴望捅破这一层妨碍友情的纸。

熟人之间的问候也是增加感情的必要手段。

二、问候的场合

问候的场合比较多,这是由人的行为空间多样化决定的。例如,和邻居相见,主动说一句"我们是邻居了,你在什么单位工作啊?"在火车上,一坐就是十几个小时,你可以主动打招呼:"您好,您到什么地方?"或者说:"您好,您能把报纸借我看一下吗?"于是,原本两个陌生的人就聊起来了。

问候适合在各种场合。问候是将两个陌生人转为熟悉的一种手段,问候随时随地都可以进行。

第二节 交谈的艺术

语言是内心世界的表现,一个人的教养和为人在交谈中会自然流露出来。因此,掌握交谈中的一些基本规则和技巧,是社交场合中拉近宾主之间距离的良方。

一、声音的控制

你和对方的谈话已经开始,那么在语言交换中,最好拿出一部分精力留意自己的声音。"你语速是否太快了?"说话的目的在于使人全部明了,如果说话太快,别人就听不清楚,听不懂,就是白费口舌。

再问一句:"我说话的声音是不是太大了?"试想在宁静的黄昏,树下谈心,或在温暖的炉边,围炉叙旧,高声谈话是如何煞风景啊!在客厅里,过大的声音会使主人嫌恶,若在公共地方,更会令你的同伴感到难堪。你说话时要意识到对方并不是聋子。

说话除了不能太快和声音太大,谈话中每句话的声调还应有高有低,有快有慢。抑扬顿挫,这是获得听众的唯一秘诀。在乐曲里,有极快、快、略快、慢、略慢、最慢等快慢符号;也有极强、强、减弱、弱、极弱等强弱符号。若想使你的话如音乐一般动听,不可忘记时快时慢,应高时要高,应慢时要慢,应低沉时要低沉。毫无抑扬顿挫地说话,是最易使听者疲倦的。

因此,说话时不妨常常留心那些使人听了会忘记疲倦的方法,也不妨常常留心舞台上的名角念词的方法,这是最好的参考,必须细细揣摩。

二、交谈的距离

由于人们交往性质的不同,个体空间的限定范围也有所不同。一般来说,关系越密切,个体空间的范围划得越小。美国人类学家爱德华·霍尔博士认为,根据人们交际关系的不同程度,可以把个体空间划为四种。

(一)亲密距离

亲密距离是人际交往中最小的间距。处于0~15厘米之间,彼此可以肌肤接触,耳鬓厮磨,属于亲密接触的关系。这是为了做出亲吻、拥抱、保护等动作所必需的距离,常常发生在爱侣、亲友之间。但是如果用不自然的方式或强行进入他人的亲密距离,可被认为是对他人的侵犯。处于15厘米~45厘米,这是身体不接触,但可以用手相互接触到的距离,如挽臂执手、促膝倾谈等,多半用于兄弟姐妹、亲密朋友之间,是个人身体可以支配的势力圈。另外,势力圈以眼前为最大,也就是一个人对前方始终保持强烈的势力圈意识,而对身体的两侧和背后关心次之。据这一原理,飞机上、长途汽车上和影剧院都采取长排向前的座位。

(二)个人距离

个人距离较少直接身体接触。处于45厘米~75厘米之间,适合在较为熟悉的人们之间,可以亲切地握手、交谈,或者向他人挑衅也是在这个距离中进行。处于75厘米~120厘米之间,这是双方手臂伸直,可以互触手指的距离,也是个人身体可以支配的势力范围。

(三)社交距离

社交距离已经超出亲密或熟悉的人际关系。处于120厘米~210厘米之间,一般是工作场合和公共场所。在现代文明社会,一切复杂的事物几乎都在这个距离进行,如机关里的领导干部对秘书或下属布置任务,接待因公来访的客人,或进行比较深入的个人洽谈时大多采用这个距离。处于210厘米~360厘米之间,表现为更加正式的交往关系,是会晤、谈判或公事上采用的距离,首长接见外宾或内宾,大公司的总经理与下属谈话等,由于身份的关系需要与部下之间保持一定的距离。

(四)公众距离

公众距离使人际沟通大大减小,很难进行直接交谈。处于360厘米~750厘米之间,这是产生势力圈意识的最大距离,如教室中的教师与学生,小型演讲会的演讲人与听众的距离。所以在讲课和演讲时用手势、动作、表情以及使用图表、字幕、幻灯等辅助教具都是为了"拉近距离",以加强人际传播的效果。处于750厘米以上的距离位置,在现代社会中,则是在大会堂发言、演讲、戏剧表演、电影放映时与观众保持的距离。

三、话题的选择

若要衡量一次谈话的成败,首先要审视交谈的话题。因为话题的好坏,直接影响着交谈的结果,是交谈的第一要素,不容轻视,更不能忽视。因此,在交际中,我们每一次交谈的话题都应精心选择,不要随心所欲张口就来,否则还未进入交谈,就已经危机四伏了。而事实上,你仔细观察就会发现,在交谈中处于劣势的一方常常是寻找话题的责任者。例如,在求人办事的过程中,求人者需要仔细挑选交谈的话题;在谈生意的过程中,希望合作的一方则有选择话题的义务;在情侣的交谈场合中,往往会听到男人喋喋不休地谈论,而单位的如何如何,通常是最常见的话题。那么对于恋人是在同一个单位的情况,这倒是一个不错的话题,否则一定会使女方觉得索然无味。

其实,一些你本身不感兴趣的话题,也会带给你意外的收获,使你受益匪浅,比如说,以后和别人谈话时,如果再提到这个话题,你就可以说:"我上一次也和某人谈论过这件事……"这样,就可以换另一个话题了。

一般来说,与老人闲谈是很有趣的。现在的年轻人,都具有强烈的个人意识,往往不愿听别人的教导,实在是可惜。请耐着性子,好好听一听,你会发现很多很有趣、很有用的东西,听完后你觉得不对的地方,再去指出也不迟。当然,有时也免不了会觉得他们的话很无聊或是太落后,但不管怎样,年长人的经验多,知识丰富,因此谈话的内容往往会很精彩,值得一听。

现代年轻人的话题总是局限于流行的服饰、时代的潮流等,有的人除了流行以外,对其他话题都不感兴趣,这种做法也限制了话题的范围,那你怎么能成为说话高手,又怎能成为受欢迎的人?

说到这里,可能有人马上会问:"那你和别人谈话时,到底要怎么做呀?"具体说,要寻找话题并不是一件困难的事。因为你的生活环境中,只要能看到的东西,都可以拿来当话题,例如报纸、电视、自己的经验等。

四、交谈时的原则与禁忌

进行社会交际时,要注意说话的原则,什么样的话能说,什么样的话不能说。也就是说,说话要有一个原则。

说话一般有三个原则:一是要尽量讲真话;二是如果不能说真话,可以保持沉默;三是如果非说不可的时候,要尽量不能伤及别人。这说明真话在实际工作和生活中不但重要,而且还要有一定的表达技巧。

关于真话的重要性,想必大家都能说出来,而且也没有人不喜欢听到真话。可是,事实与理想毕竟还是很有一段差距的。真话在人们的思想交流和表情达意上首先遇到的是语言的环境、表述的对象,还有表达者的精神状态和思想状况。在这一系列条件的限制和约束下,说真话的程度便不免会大打折扣。真正出现了假话有时也只能是说者安然,听者泰然,在没有辨别真伪可信度的情况下,真话也就被假话堂而皇之地所取代了。在真话被假话所掩饰而彼此又都欣欣然的时候,这是否也是人性的弱点和人性的悲哀呢?

当然,假话也未必都是恶意的,真话也未必都是善意的。但是对于听者来说,我想大多还是愿意听到真话的。而事情也不能完全这么绝对,在现实中也的确有愿意听到假话的。

例如,当一位容貌丑陋的妻子不厌其烦地追问她的丈夫她是否漂亮时,这位女士的丈夫出于对自己妻子的爱护违心地说在自己的心目中她是最为美丽的这样的善意谎言,她的妻子会心满意足地欣然接受。尽管这位女士心中的确知道自己的容貌实在不漂亮,但丈夫善意的谎言或者说是美丽的假话将会满足她的虚荣心,一般来说这样的善意的谎话所有女人都是愿意听的,也都会被愉快地接受。

其次,在不能说真话时,要尽量保持沉默。当然,保持沉默是一种态度,也是一种表白,但更是一种无奈。可是,同第一条原则相比,这种情况似乎让说话者和听者多少有了些尴尬的窘迫了。虽然有时你不想说也可以保持沉默,但是事实往往并非如此,大多时候我们是保持不了沉默的。在这种情况下,听话对象或是你的上级,或是你的朋友和同事,更或者是你身边的什么人,在听话者要求或者迫切想听到你的话的时候,你能沉默得了吗?所以说这条原则的实用性和可行性便有了很大的不足和缺陷了。有人说沉默是金,还有的人说沉默是一种力量,可是我们使用这种沉默的时间和机会并不是很多。许多沉默尽管有时是明智的,可我们又有多少选择沉默的权利和余地呢。

原则的第三条说在不得不说真话的时候,要尽量不能伤及别人。这句话多少有些概念式的笼统,或者说并不具体。应当说,在日常的工作学习和生活中,在说者有可能涉及到别人的隐私或者有损于别人声誉、地位、心里承受能力时要注意语言的表达技巧,这是无可厚非的,也是每一个人应该具有的一种语言表达素质。但是,就像万事万物都不是绝对的一样,这句话同样也具有它所使用的一种局限性。真话有时是不伤人的,可是有的真话注定会伤人的,那么,这样的话是说好呢,还是不说的好? 既然是非说不可了,那么伤人也就是在所难免的了,所以说要尽量不要伤害别人也是有一定道理的。可是,这里的伤害对象是不是也有好坏之分,是非之别呢? 对于善意的听者来说,尽量不要伤害是对的,可对于那些坏人呢,这种伤害(如果可以称其为伤害的话)是否是必需的,也是必要的呢? 可见,尽量不要伤害也是不能尽然的。

由此可见,如果说话非要讲出什么原则的话,这种原则还不是一种固定不变的程式。真话是人们需要的,但是还是要灵活运用才好,因为说话本身就不是一成不变的人类复杂的活动本能。

但说话的禁忌是一定的,说话时要注意下面几个禁忌。

(一) 套话太多

有些人喜欢在交谈中使用太多的或不必要的套话,这些套话一是无实际内容,二是空洞乏味,让人听起来极为不舒服。例如:

有人喜欢说"你明白了吗?"或"你听清楚了吗?"等,像这一类毛病,克服的最好办法就是要你的朋友时刻提醒你。

(二) 口齿不清

有些人说话本来很好,但是在他们的言语之间掺上了许多无意义的杂音。他们的鼻子总是一哼一哼地响着,或者喉咙里好像老是不畅通似的轻轻地咳着,要不然就是每句话开始用一个拖长的"唉"。这些毛病,只要有决心就可以改掉。

(三) 把谚语挂在嘴边

谚语本来是诙谐而有说服力的话,但谚语太多也不好。用谚语太多,往往会给人造成油腔滑调、哗众取宠的感觉,不仅无助于增强说服力,反而使听者觉得反感。在使用谚语时,一定要做到恰如其分。

(四) 滥用流行词语

有些人为了表示自己超前,往往把某些流行的字句,不加选择地乱用一番。例如,"××王"这个词就被用滥了,什么东西都牵扯上"王",使人莫名其妙,不知所云。

(五) 老用一个词

有些人不知是因为偷懒、不肯动脑筋找更恰当的字眼,还是有其他方面的原因,特别喜欢用一个字或词来表示各种各样的意思,不管这个字或词本身是否有那么多的含义。例如,许多人喜欢用"伟大"这个词。在他的言语中,什么东西都伟大起来了。"你真是太伟大了"、"这盆花太伟大了"、"今天吃了一餐伟大的午餐"等,给人一种华而不实的印象。因此,要尽可能地多记一些词汇,使自己的表达尽可能准确而又多样化。

(六) 说话琐碎

许多人说话过程中琐碎得令人讨厌。例如,讲述自己经历本身是最容易讲得生动、精彩的,很多人也喜欢听别人讲其经历。但是许多人讲自己经历的时候,一味地不分主次地平铺直叙,觉得自己经历的样样都有味道,都有必要讲一讲,结果令听者茫然无头绪,杂乱无章。讲自己故事的时候,要善于抓住重点。

(七) 夸大事实

夸张手法有一种吸引人注意的效果。不过,不能把夸张的手法用得太过分,否则别人就不会相信你说的话。在现实生活当中,不可能每次说的都是"非常重要"的消息,也不可能每次都讲"最动人的"故事,因此,不要到处都用"非常"、"最"、"极"等字眼,否则,当你在无数的"最"上再加一个"最",又怎么表示?

第三节 电话礼仪

电话被现代人公认为便利的通信工具,在日常工作中,使用电话的语言很关键,它直接影响着一个部门的声誉;在日常生活中,我们通过电话也能粗略判断对方的人品、性格。因而,掌握正确的、礼貌待人的打电话方法是非常必要的。

一、电话礼仪

在打电话时,如果尊重对方,礼貌热情,会给对方良好的印象。使用电话应做好充分的准备。通话以前,应对谈话内容与目的做到胸有成竹、有的放矢,避免词不达意、结结巴巴的通话;电话机旁应备有记事簿等。

电话预约,是有礼貌的表现,而且,通过电话事先预约,可以使访问更加有效率。打电话预约看似简单,有的人也许会说:"不就是拿起电话,一拨号码,说几句话的事吗?"关键是如何说、怎么说、说些什么,这里面是有学问的。打电话要牢记"5W1H"即①When 什么时候;②Who 对象是谁;③Where 什么地点;④What 说什么事;⑤Why 为什么;⑥How 如何说。电话拨通后,要简洁地把话说完,尽可能省时省事,否则易让顾客产生厌恶感,影响预约的质量以至推销的成功。

1. 电话预约的要领

(1) 力求谈话简洁,抓住要点。

(2) 考虑到交谈对方的立场。

(3) 使对方感到有被尊重、重视的感觉。

(4) 没有强迫对方的意思。

成功的电话预约,不仅可以使对方对你产生好感,也便于工作的进一步进行。

2. 打、接电话的基本礼仪

(1) 电话的开头语直接影响顾客对你的态度、看法。通电话时要注意使用礼貌用词,如"您好"、"请"、"谢谢"、"麻烦您"等。打电话时,姿势要端正,说话态度要和蔼,语言要清晰,既不装腔作势,也不娇声娇气。这样说出的话哪怕只是简单的问候,也会给对方留下好印象。只要脸上带着微笑,自然会把这种美好的、明朗的表情传给对方。特别是早上第一次打电话,双方彼此亲切悦耳的招呼声,会使人心情开朗,也会给人留下有礼貌的印象。电话接通后,主动问好,并问明对方单位或姓名,得到肯定答复后报上自己的单位、姓名。不要让接话人猜自己是谁(尤其是长时间没见的朋友、同事),以免使对方感到为难。

(2) 电话铃响两遍就接,不要拖时间。拿起呼筒问"您好"。如果电话铃响过四遍后,拿起听筒要向对方说:"对不起,让您久等了",这是礼貌的表示,可消除久等心情的不快。如果电话内容比较重要,应做好电话记录,包括单位名称、来电人姓名、谈话内容、通话日期、时间和对方电话号码等。

(3) 挂电话前的礼貌也不应忽视。挂电话前,向对方说声:"请您多多指教"、"抱歉,在百忙中打扰您"等,会给对方留下好印象。

(4)打、接电话时,如果对方没有离开,不要和他人谈笑,也不要用手捂住听筒与他人谈话,如果不得已,要向对方道歉,请其稍候,或者过一会儿再与对方通电话。

(5)打电话时,应礼貌地询问:"现在说话方便吗"?要考虑对方的时间。一般往家中打电话,以晚餐以后或休息日下午为好,往办公室打电话,以上午十点左右或下午上班以后为好,因为这些时间比较空闲,适宜谈生意。

(6)要学会配合别人谈话。接电话时为了表示认真听对方说话,应不断地说:"是,是"、"好,好吧"等,一定要用得恰到好处,否则会适得其反。根据场合及对方的身份、年龄等具体情况,应付方式各异。

(7)对方要找的人不在时,不要随便传话以免不必要的麻烦,如必要,可记下其电话、姓名,以回电话。

(8)在办公室里接私人电话时,尽量缩短时间,以免影响其他人工作。

3. 选好打电话的时机

通话应选择恰当的时间,无紧急情况,一般白天应在8点以后(假日在9点以后),夜间则在21点以前,以免打扰他人休息。有午睡的季节,不应在中午打电话。一般通话时间以3~5分钟为宜,尽量提高通话效率,减少占用时间。

向外打电话时,应记准电话号码,以免打错。如果拨错号码,应礼貌地向对方道歉,不可随手挂机。拨通后,首先应说"你好!"然后迅速通报自己的单位,必要时还应报上自己的姓名;再告诉接电话的人你要找的是谁:"请麻烦您找一下××先生听电话,谢谢。"如对方答应找人后,应手持听筒静候,不要在此时离开或做其他的事。对方告诉你要找的人不在时,切不可当即挂断,而应当说"谢谢,打扰了!"或请对方帮助传达:"如果可以的话,能不能麻烦您转告他……"等。若对方答应你的请求,应表示感谢;如果要找的人接电话,应先致以简短的礼貌的问候,而后进入正式谈话。

4. 就餐中不要对着餐桌打电话

参加宴会或与人一起进餐时,不能对着餐桌打电话,要离开餐桌。如果是茶话会,或者不方便离开餐桌,则要侧转身子,用手遮挡一下,防止唾沫溅到饭菜上。

5. 不能接听轻声告知

如果正在开会或交谈,不方便接听电话,可以轻声告诉对方"对不起,正有事,回头给你去电话"。事后则一定要主动给对方回电话。

二、手机使用礼仪

在商界,人们往往风尘仆仆,来去匆匆。为适应商务人员工作繁忙,活动量大,时常"居无定所",而又急需"随时随地传信息"的特点,近年以来移动通信业务已有长足的发展。其中,移动电话更为独领风骚,日益普及,成为广大商务人员随身必备、使用最为频繁的电子通信工具。

移动电话,又名手机,以前曾被俗称为"大哥大"。它是一种小型化、智能化的无线式电话。对商界人士而言,手机始终是,而且只能是一种可以为我所用的实用性很强的通信工具而已。

商界人士在日常交往中使用手机时,大体上有如下五个方面的礼仪规范必须严守

第四章　语言礼仪

不怠。

（1）要置放到位。商务礼仪规定，手机的使用者，当将其放置在适当之处。大凡正式的场合，切不可有意识地将其展示于人。

道理其实很简单，手机就是手机，它们终究不过是通信工具罢了，而绝对不能视之为可以炫耀的装饰品。把它们握在手中，别在衣服外面，放在自己身边，或有意当众对其进行摆弄，实在无聊之至，商界人士是切不可那么做的。

按照惯例，外出之际随身携带手机的最佳位置有二。一是公文包里，二是上衣口袋之内。穿套装、套裙之时，切勿将其挂在衣内的腰带上。否则撩衣服取用或观瞧时，即使不使自己与身旁之人"赤诚相见"，也会因此举而惊吓对方。

（2）要遵守公德。使用手机，当然是为了方便自己。不过，这种方便是不能够建立在他人的不便之上的。换而言之，商务人员在有必要使用手机时，一定要讲究社会公德，切勿使自己的行为骚扰到其他人士。

商务礼仪规定：在公共场所活动时，商务人员尽量不要使用手机。当其处于待机状态时，应使之静音或转为振动。需要与他人通话时，应寻找无人之处，而切勿当众自说自话。公共场所乃是公有共享之处，在那里最得体的做法，是人人都要自觉地保持肃静。显而易见，在公共场所里手机狂叫不止，或是在那里与他人进行当众的通话，都是侵犯他人权利、不讲社会公德的表现。在参加宴会、舞会、音乐会，前往法院、图书馆，或是参观各类展览时，尤须切记此点。

在工作岗位之上，亦应注意不使自己的手机使用有碍于工作、有碍于别人。商界人士在写字间里办公时，尽量不要让手机大呼小叫。尤其是在开会、会客、上课、谈判、签约以及出席重要的仪式、活动时，必须要自觉地提前采取措施，令自己的手机禁声不响。在必要时，可暂时将其关机，或者委托他人代为保管。这样做，表明自己一心不可二用，因而也是对有关交往对象的一种尊重和对有关活动的一种重视。

（3）要保证畅通。使用手机，主要的目的是为了保证自己与外界的联络畅通无阻，商界人士对于此点不仅必须重视，而且还需为此而采取一切行之有效的措施。

告诉交往对象自己的手机号码时，务必力求准确无误。如系口头相告，应重复一两次，以便对方进行验证。若自己的手机改动号码，应及时通报给重要的交往对象，免得双方的联系一时中断。有必要时，除手机号码外，不妨同时再告诉自己的交往对象其他几种联系方式，以备无患。

接到他人打在手机上的电话之后，一般应当及时与对方联络。没有极其特殊的原因，与对方进行联络的时间不应当在此后超过五分钟。寻呼他人或拨打他人的手机之后，亦应保持耐心，一般应当等候对方十分钟左右。在此期间，不宜再同其他人进行联络，以防电话频频占线。不及时回复他人电话，呼叫、拨打他人手机后迅速离去，或是转而接打他人的电话，都会被视作恶意的犯规。

万一因故暂时不方便使用手机时，可在语音信箱上留言，说明具体原因，告之来电者自己的其他联系方式。有时，还可采用转移呼叫的方式与外界保持联系。

（4）要重视私密。通信自由，是受到法律保护的。在通信自由之中，秘密性，即通信属于个人私事和个人秘密，是其重要内容之一。使用手机时，对此亦应予以重视。

一般而言，二者的号码，尤其是手机的号码，不宜随便告之于人。即便在名片上，也不

65

宜包含此项内容。因此,不应当随便打探他人的手机号码,更不应当不负责任地将别人的手机号码转告他人,或是对外界广而告之。

出于自我保护和防止他人盗机等多方面的考虑,通常不宜随意将本人的手机借与他人使用,或是前往不正规的维修点对其进行检修。考虑到相同的原因,随意借用别人的手机也是不适当的。

(5) 要注意安全。使用手机时,对于有关的安全事项绝对不可马虎大意。在任何时候,都切不可在使用时有碍自己或他人的安全。

按照常规,在驾驶车辆时,不宜忙里偷闲,同时使用手机通话。否则,就极有可能导致交通事故。

乘坐客机时,必须自觉地关闭本人随身携带的手机。因为它们所发出的电子信号,会干扰飞机的导航系统。

在加油站或是医院里停留期间,也不准开启手机。否则,就有可能酿成火灾,或影响医疗仪器设备的正常使用。此外,在标有文字或图示禁用手机的地方,均须遵守规定。

三、语言案例举要

案例一

司机打电话吓坏乘车人:

张小姐坐出租车,中间有人给司机打电话。只见司机一手握着方向盘,一手拿着电话,显得非常熟练和满不在乎。张小姐在司机打电话时一直提心吊胆,唯恐警察看见,耽误时间,更怕司机没看见行人或车辆,发生什么事故。

案例二

铃声搅乱音乐会:

邱女士在北京音乐厅听一场由著名大师指挥的交响乐。音乐演奏到高潮处,全场鸦雀无声,凝神谛听,突然手机铃声响起,在宁静的大厅中显得格外刺耳。演奏者、观众的情绪都被打断。大家纷纷回头用眼神责备这位不知礼者。

案例三

来电吵醒邻床病友:

刘先生到医院探访病人,公司的同事来电话,铃声让另一床正闭目养神的病人睁开了眼。刘先生接起电话就谈上了工作。尽管电话时间不长,但那位被吵着了的病人一直脸色不悦。

除了上述的三个案例说明了手机的一般礼仪之外。另外还有一些场合也需要注意手机礼仪。例如谁都知道开会不能交头接耳,不能说话,其实开会打电话比说话还招人烦。很多人认为说话不应该,接电话却特别理直气壮,这是一种严重的无政府主义表现。有一定身份的人对社会有示范作用,如果他们在会议中打电话,就会带来更不好的后果。在特殊场合,拨打、接听电话者要学会体会其他人的感受:如果我这么做,别人是高兴还是不高兴?不断反思自己的行为得失,修正自己的行为,今后进入任何一种场合,就会有自然得体的举动。

另外在通话时即使你看不到和你通话的人,你也要像他们就在你面前一样对待他们。因为在通话时他们一直注意着你的声音,包括语调和心情,所以在应答时你需要把你全部的注意力投入在电话中。你的态度应该是有礼貌的,声音是适中的、清晰的、柔和的,不要在电话里喊叫或声音很尖。有趣的是,如果你要使你电话里的声音好听,试一试带着微笑说话,你会发觉,虽然对方看不到你的微笑,但他听到你的声音时就感觉你在微笑。这个试验你不妨试试,非常有效,人们能通过你的声音辨别你的心情是快乐还是烦恼。

第四节　服务语言举要

语言是服务过程中判定服务质量的主要因素之一。得体的语言、动听的声音,不仅体现了个人涵养,还能迅速拉近人与人之间的距离、化干戈为玉帛。

一、敬语与赞美语

(一) 敬语

敬语主要指的是在人际交往活动中蕴涵着对他人表示敬重、礼让、客气等内容的语言表达方式。敬语是谈吐文雅的重要表现,是展示谈话人风度和魅力必不可少的基本要素之一,是尊重人并获得他人尊重的必要条件,是人际交往达到和谐融洽境界的推动因素。一般而言,敬语的类型可以归纳为以下几种。

1. 问候型敬语

问候即人们彼此相见相互问候时使用的敬语,通常有"您好"、"早上好"、"久违了"等。问候型敬语的使用既表示尊重,显示亲切,给与友情,又充分体现了说话者有教养、有风度、有礼貌。

2. 请求型敬语

请求型敬语就是在请求别人帮助时所用的一类敬语。这种类型的敬语通常有"请"、"劳驾"、"关照"、"承蒙关照"、"拜托"等多种不同表达方式。

3. 道谢型敬语

道谢型敬语即当自己在得到他人帮助、支持、关照、尊敬、夸奖之后表达谢意时所使用的敬语。这类敬语最简洁、及时而有效的表达就是由衷地道一声"谢谢"。除此之外,属于这种类型的敬语还有"承蒙夸奖、不胜荣幸"、"承蒙提携"等。

4. 致歉型敬语

在现代生活中,人际交往的层面不断扩大,人际关系的网络也日趋复杂,这使得人际之间的矛盾时有发生。而当自己的行为对他人造成伤害或消极影响时,最平常的致歉型敬语是"对不起"、"请多包涵"、"打扰您了"、"给您添麻烦了"、"非常抱歉"等。

(二) 赞美

赞美之于人心,如阳光之于万物。在我们生活中,人人需要赞美,人人喜欢赞美。这不是虚荣心的表现,而是渴求上进,寻求理解、支持与鼓励的表现。父母经常赞美孩子,家庭气氛和睦、欢乐;领导经常赞美下级,职工的积极性、创造性不断被激发,被调动。爱听赞美,出于人的自尊需要,是一种正常的心理需要。经常听别人真诚的赞美,明白自身的价值获得了社会的肯定,有助于增强自尊心、自信心。

有的人吝惜赞美,很难赏赐别人一句赞美的话,他们不懂得,多正面引导,多表扬鼓励,是思想工作的一条规律。予人以真诚的赞美,体现了对人的尊重、期望与信任,并有助于增进彼此之间的了解和友谊,是协调人际关系的好方法。人人皆有可赞美之处,只不过长处、优点有大有小、有多有少、有隐有显罢了。只要你细心,就随时能发现别人身上可赞美的"闪光点"。

1. 赞美要恰如其分

恰如其分就是避免空泛、含混、夸大,而要具体、确切。赞美不一定非是一件大事不可,即使是别人一个很小的优点或长处,只要给予恰如其分的赞美,同样能收到好的效果。

2. 赞美要内容得体

赞美要具体,不能含糊其辞。含糊其辞的赞美可能会使对方混乱、窘迫,甚至紧张。赞美越具体,说明你对他越了解,从而越容易拉近人际关系。

3. 赞美要实事求是

赞美要有根据,如果言不由衷或言过其实,对方就会怀疑赞美者的真实目的。

二、委婉语与致歉语

(一)委婉语

这里的委婉语是指用好听的、使人少受刺激的语言,代替那些不好说出口的赤裸的、易受刺激的语言,即把让人不易接受的话,通过婉转含蓄的表达,变成让人容易接受,甚至能给人美感的话。在封建社会里,委婉语可能有更广阔的市场,因为在那样的年代,不允许人们直抒胸臆、自由地发表不同意见。这种现象在君臣之间往往表现得更为明显。僚臣直接和拥有绝对权力的君王打交道,弄不好会惹来杀身之祸。当一些意见到了非说不可的时候,他们婉转地陈述,往往会收到满意的结果。

春秋时期发生过这么一件事,烛邹替齐景公饲养的爱鸟不小心飞走了,景公发怒要杀烛邹。在这千钧一发的时候,宰相晏婴站出来说:"烛邹这书呆子有三大罪状,请大王让我列举完以后,再按罪论处。"得到景公的允许后,晏婴把烛邹叫到景公的面前说:"你为大王管理着爱鸟,却让它飞走了,这是第一条罪状;你使得我们大王因为鸟的事杀人,这是第二条罪状;更严重的是各国诸侯听了这件事后,以为大王重视鸟而轻视知识分子,这是第三条罪状。"数完这些所谓罪状后,便请景公把烛邹杀掉。景公尽管残忍,但从晏婴的话里听出了利害,就对晏婴说:"不要杀了,我听从你的命令就是了。"这就是委婉语运用于救人一命的著名例子。

现在不会有晏婴所处的环境了,可委婉语决不是没有使用的必要了。流行在当代政治生活中的委婉语还是很多的。比如美国中央情报局把自己"破门而入"这种随意侵犯人权的事,叫做"黑袋工作"、"技术性打扰"、"未经授权的调查"等,从美感功能上说,这当然是运用委婉语的反例,正如英国作家乔治·欧威尔说:"目的就在于把谎言说得像真的,谋杀行为变得令人尊敬。"正面的例子,如在国际交往中,人们把国家的贫穷落后称为"不发达的"、"发展中的",甚至叫做"新兴的"等,特别丰富。

在美国的一次交际规则讨论会上,主持人提出这样一个问题,在一个百事不顺、忙无头绪的早晨,电话不停地叫,孩子又哭又闹,厨房又传出面包烤糊的味,这时丈夫对妻子可能会有三种说法:①"天哪,你什么时候才能学会烤面包啊!"②"亲爱的,这又是一个紧张的早晨——又是孩子,又是电话,你看面包又烤糊了。"③"亲爱的,我来教你怎样烤面包吧!"那么,作为妻子对这三种不同的说法,应该有怎样的反应?几位不同性格的太太的回答几乎是一致的:不满意第一种说法,痛恨第三种说法,比较喜欢第二种说法。一位太太说:"如果他这样说,我马上会亲吻他。""孩子不是还哭着,面包不是还糊着吗?"主持人问。回答说:"那没关系。"同样带有责备意味的话,婉转的表达却带来了美好的结果。

可见必须讲究说话的艺术,也就是说,不光要考虑说什么,还要想想怎样说,否则真会出现一些难堪局面。

(二)致歉语

致歉语是向人表示歉意、谦恭和自谦的一种词语。自谦通常是在别人面前谦称自己和自己的亲属。例如,称自己或家人为"愚"、"家严、家慈、家兄、家嫂"等。自谦和敬人,是一个不可分割的统一体。尽管日常生活中谦语使用不多,但 其精神无处不在。只要你在日常用语中表现出你的谦虚和恳切,人们自然会尊重你。

打扰对方或向对方致歉:"对不起"、"请原谅"、"很抱歉"、"请稍等"、"请多包涵"等。接受对方致谢致歉:"别客气"、"不用谢"、"没关系"、"请不要放在心上"等。

三、服务用语禁忌

空乘服务要善于察言观色,区别对待,掌握多种语言表达方式,善于使用礼貌用语和无声语言,以避免平淡、乏味、机械。

(一)服务忌语

要避免的服务忌语如下:

(1) 土老冒!
(2) 老黑!
(3) 你吃饱了撑得呀!
(4) 谁让你不看着点!
(5) 没有了!
(6) 问别人去!
(7) 没办法!
(8) 供应完了!
(9) 我就这态度!
(10) 有能耐你告去,随便告哪儿都不怕!
(11) 这是地面的事!
(12) 这不关我的事!
(13) 到底要不要,想好了没?
(14) 喊什么,等会!
(15) 没看我正忙吗,着什么急!
(16) 刚才和你说过了,怎么还问!
(17) 不能放这儿!
(18) 找我们乘务长!
(19) 到点了,你快点!
(20) 我忙不过来!
(21) 没开始呢,等会再说!

(22) 不是告诉你了吗,怎么还不明白!
(23) 现在才说,早干吗来着!
(24) 我有什么办法,又不是我让它坏的!
(25) 怎么不提前准备好!
(26) 越忙越添乱,真烦人!

(二) 服务敬语

服务敬语如下:
(1) 大爷(大妈)。
(2) 解放军同志。
(3) 请问,您需要毛毯吗?
(4) 我不大清楚,您再问问别人。
(5) 我刚才态度不好,请您原谅。
(6) 欢迎您提意见,反映情况,这是您的权利。
(7) 如果您现在不需要用餐,我们将在您需要时提供,到时请您按下呼唤铃,我们将随时为您服务。
(8) 您别着急,考虑好了再选择。
(9) 我手底下的事马上就完,请您再等一会。
(10) 您这个问题我解决不了,但XX部门负责解决这事。
(11) 这个我不知道,真抱歉。
(12) 对不起,这件行李太大,可以拆开保存吗?
(13) 您如果没听明白,我再解释一遍。
(14) 我现在正忙着,请稍等一下好吗?
(15) 对不起,这里是紧急出口,您的行李不能放在这儿。
(16) 让您久等了,这是您的饮料。
(17) 请别担心,这是轻微的颠簸。
(18) 对不起,请您收起小桌板,就要着陆了。
(19) 先生,对不起,能让这位孕妇先下飞机吗?
(20) 感谢您乘坐本次航班,希望再次见到您!
(21) 祝您一路顺风,再见。

第五节　空乘服务工作中的非自然语言

一、表情语言

在人际交往中,保持微笑,至少有以下几个方面的作用。
(1) 表现心境良好。面露平和欢愉的微笑,说明心情愉快,充实满足,乐观向上,善待人生,这样的人才会产生吸引别人的魅力。
(2) 表现充满自信。面带微笑,表明对自己的能力有充分的信心,以不卑不亢的态度与人交往,使人产生信任感,容易被别人真正地接受。

(3) 表现真诚友善。微笑反映自己心底坦荡,善良友好,待人真心实意,而非虚情假意,使人在与其交往中自然放松,不知不觉地缩短了心理距离。

(4) 表现乐业敬业。工作岗位上保持微笑,说明热爱本职工作,乐于恪尽职守。如在服务岗位,微笑更是可以创造一种和谐融洽的气氛,让服务对象倍感愉快和温暖。

例如,有一家公司让他们的员工去一位科长那里拿一份重要的材料,结果去的都吃了闭门羹。老板就把这个任务交给了小李,小李很愁呀!但这份材料不拿还不行,结果还是去了。到那时,只见那位科长还在破口大骂呢!这时小李什么也没有说,只是微笑、微笑还是微笑,嘴里说着:"噢?这样呀?是吗?",只是点着头微笑着。后来,那个科长骂了一阵子的时候,小李说:"科长,你很善于表达你内心里的愤怒呀!"。后来,那个科长看了看小李说:"嗯!这小伙子不错!我也不为难你了,你就拿回去吧!",就这样别人没有拿到的,他却拿到了。

真正的微笑应发自内心,渗透着自己的情感,表里如一。毫无包装或娇饰的微笑才有感染力,才能被视作"参与社交的通行证"。

被誉为日本的"推销之神"的原一平写道:"一个人在发怒之后,必须以笑来中和一下,如果只怒而不笑的话,那个人的情绪势必会失去平衡,呈现一种焦躁不安的情况,而难以与人相处。"他以自己50年的经验总结了笑的10个好处:

(1) 笑能把你的友善与关怀有效地传达给准客户;
(2) 笑能拆除你与准客户之间的"篱笆",敞开双方的心扉;
(3) 笑使你的外表更迷人;
(4) 笑可以消除双方的戒心与不安,以打开僵局;
(5) 笑能消除自卑感;
(6) 你的笑能感染对方也笑,制造和谐的交谈基础;
(7) 笑能建立准客户对你的信赖感;
(8) 笑能除去自己的哀伤,迅速地重建信心;
(9) 笑是表达爱意的捷径;
(10) 笑会增进活力,有益健康。

原一平常常面对镜子练习笑,不分昼夜,勤加练习。经过长期苦练,他的笑已达到炉火纯青的地步,被誉为:"价值百万美金的笑容"。调整心态,忘掉烦恼,唱歌或听音乐,面对镜子,练习寻找自己最满意的微笑。

人们常说,眼睛是心灵的窗户,因此这扇帮助我们传达心灵感情的窗户一定要擦亮才行,让它为我们的人际交往构筑一条顺畅明亮的通道。

在五官中,眼睛的传达力和表现力是最强的,虽然微笑也有很强的感染力,但它表达信息却相对单一,而眼神则可以传达出欣喜、关注、厌恶或是不安等多种情绪。

作为一名职场人士,眼神的表达就更深奥而微妙了。理想的眼神表达至少应该注意以下几点。

(1) 要注意视线接触的向度,也就是目光的方向。我们比较喜欢的是平视,这样使交流也如目光这条线路一样直接而顺畅,俯视和仰视都会使双方的心理产生差距。在成年人的交往中,平视是最好的角度。

(2) 把握视线接触的长度,也就是目光接触时间的长短。如果你和一个人谈话过程中,对方很少注视你,且注视你的时间不超过整个相处时间的30%,这似乎就说明这个人不在乎你。同样的道理,如果一位长辈与晚辈谈话时,能够多一些目光的接触,这将对年轻人起很大的鼓励作用。目光长时间的接触和交流是对对方最大的支持与肯定,同样对方会受到你良好情绪的感染,对你也抱有兴趣。

(3) 要控制视线接触的位置。一般来说,在初次相见或最初会面的短暂时间,应注视对方的眼睛。如果交谈的时间较长,可以将目光迂回在眼睛和眉毛之间,或是随着他的手势而移动视线。千万不要生硬地一直瞅着对方,通常这样的目光是审视的、挑剔的、刁难的意思。如果长时间盯着对方的某个部位看,可能还会造成误解,使对方以为自己脸上有什么不妥当的地方,妆容乱了或是脸上有脏东西等,无端给对方造成压力。

(4) 善于目光的变化。一般和对方目光接触的时间,应是与对方相处总时间的1/3,每次注视对方的眼睛不超过3秒钟,这样对方会感觉比较自然。在向对象问候、致意和道别的时候都应面带微笑,用柔和的目光去注视对方,以示尊敬和礼貌。目光柔和地照在对方的脸上,并不是单纯地注视,否则会让人感觉不友善,也不能从脚底看到头顶反复打量对方,即便对方的穿着有不得体的地方,也应该使目光变化时尽量不着痕迹。

眼神是一种独特的词汇,它能如阳光般让对方的心情豁然开朗,也能像阴霾般让对方的情绪瞬间阴暗。所以,注意用好你的眼神,那会成为社会交往中极好的润滑剂。

二、动作(肢体)语言

1. 站姿

挺胸收腹,双肩下沉,双脚并拢,脚尖略打开成"V"字形,提气收下腭,身体自然垂直,面带微笑。禁止叉开双脚。

(1) 女乘务员:双手交叉相握,四指并拢,右手叠放在左手之上,自然垂于腹前。

(2) 男乘务员:双手相握放在身后,一只手半握拳,另一只手握其手腕处。

站姿的要领是:一要平,即头平正、双肩平、两眼平视。二是直,即腰直、腿直、后脑勺、背、臀、脚后跟成一条直线。三是高,即重心上拔,看起来显得高。

2. 坐姿

入座前腿与座椅应有一英尺的距离,就坐时右腿后退半步,碰到座椅后轻坐到椅子边上,坐下后双腿并拢放在中间或侧面。双膝合拢,手微微握起,自然放于腿上,后背挺直,目视前方,面带微笑。

(1) 女乘务员:右手轻抚后裙摆(手心向上),左手自然放在身体一侧,坐下后右脚向前移一小步与左脚并拢,双手微握五指并拢自然放于腿上,大小腿成 90°夹角,双腿可稍向左或右微侧,上身挺直。

(2) 男乘务员:坐下后,可将双脚、双膝略分开,双手五指伸直或轻握拳头放在双腿上。

(3) 不同场合的坐姿:谈判、会谈时,场合一般比较严肃,适合正襟危坐。要求上体正直,端坐于椅子中部,双手放在桌上、腿上均可。

倾听他人教导、指示、指点时,对方是长者、尊者、贵客,坐姿除了要端正外,还应坐在坐椅、沙发的前半部或边缘,身体稍向前倾,表现出一种谦虚、迎合、重视对方的态度。

在比较轻松、随便的非正式场合,可以坐得轻松、自然一些。全身肌肉可适当放松,可不时变换坐姿,以作休息。

3. 行走

在标准站姿的基础上迈步前行,收腹收臀提气,目视前方,行走时脚内侧在同一直线上,双臂自然摆动,步履要小、轻,脚步不可过重、过大、过急(紧急情况除外),不要左右摇摆。女乘务员在巡视客舱时,双手可自然相握抬至腰间,目光柔和地巡视客舱两旁的旅客。

走姿的要领是:双眼平视臂放松,以胸领动肩轴摆,提髋提膝小腿迈,跟落掌接趾推送。

几种错误走姿:

(1) 头部抬得过高,给人以傲慢之感;
(2) 双手过于摆动,臀部扭动过剧,使人觉得非常生硬;
(3) 摇头晃脑,两肩歪斜,左右摇摆,有庸俗、轻薄之感;
(4) 弯腰弓背,步履蹒跚,低头无神,给人压抑、疲倦、衰老的印象;
(5) 八字脚、"鸭子步",给人一种不快、不安的扭曲感。

4. 下蹲

当腰弯至 45°以下时,不可提臀弯腰,必须蹲下。蹲下时,一腿高一腿低,腿高一侧的手轻轻扶在腿上,腿低一侧的手用来取拾物品,上身尽量保持垂直。注意要轻蹲轻起、直蹲直起。

5. 上举

手臂上举时要做到姿势优雅,必要时可踮起后脚跟以增加身体的高度,同时女乘务员还要注意衣服的下摆,以免露出肚皮。关行李架时,要面朝机头方向,左边的行李架用左手关,右边的行李架用右手关,另一只手自然垂在腹前。动作要轻缓,不能用力过猛。

6. 指示方位

指示方位时应五指并拢,小臂带动大臂,根据指示距离的远近调整手臂的高度,身体随着手的方向自然转动,目光与所指的方向一致,收回时手臂应略成弧线再收回。注意切忌用单个食指指示方位。

7. 鞠躬

身体向前,腰部下弯,头、颈、背成一条直线,视线随着身体的移动而移动。迎送客时的鞠躬度数为 30°,行还礼时的鞠躬度数为 30°,给旅客道歉时的鞠躬度数应视情节为 45°。

8. 物品交递的方式

(可以准备名片、剪刀、别针等物品由学员之间相互传递,再讲述下列内容)

递交文件时,即使只有一页,也一定要用双手,并将文件的正面向着对方,使对方很容易看清;接文件时,也要礼貌地双手拿取,注意不要让手从腰的位置落下来;归还文件时一定要将文件正面对着对方。

若是递送剪刀利器等尖锐物品,应将剪刀、小刀的柄递给对方便于对方拿取。如添上

另一只手,则非常恭敬。像别针之类的小东西,可以将它托在纸上或夹在上面,不仅便于拿取,也给人以亲切感。

9. 其他动作姿态

(1) 低处拾物:当你拾拣落地东西或取放低处物品时,最好走近物品,上身正直,单腿下蹲。这样既可轻松自如地达到目的,又能展示你优美的体态。那种直腿下腰翘臀或双腿下蹲的取拾拣物的姿势都是不可取的。

(2) 提携重物:单手拎包或单臂提物,若物品过重,则应尽可能将其分作重量大致相同的两包,分提于两手臂,平均受力,这样既省力又能够保持良好的走姿,行走时不会因重心偏移而使身体左右摇晃。

(3) 上下楼梯:上楼和下楼时,上体均保持直挺,且靠右行,勿低头看梯,双眼应平视前方。落脚要轻,重心一般位于前脚的脚前部,以求平稳。

案例举要

案例:据天府早报报道,某日,双星集团以四川双星体育休闲基地总经理职务和20万年薪向一成都空姐发出邀请,希望通过媒体"挖到"这位难得的人才。

原因是这位空姐在乘客生命陷于危急之时,临危不乱,化解危机于谈笑间,其综合能力折服了双星副总裁。6月5日晚,从北京飞成都的川航班机里,双星副总裁刘树立在一种带倦意的轻松中半眠着。"先生,您身体是否有点不舒服?"一声轻柔的声音唤起刘树立,刘树立睁眼看到一位年轻靓丽的空姐站在面前。顺着空姐的眼光,刘树立注意到自己身边的乘客,顿时吓了一跳——只见他脸色发青,泛白的嘴唇抖个不停……刘树立意识到,这个中年人在万米高空上,无医无药中陷入了生死一线的危境。

刘树立注意到,当时的那位空姐一脸笑容"这位先生请你先放松","某,请去通知头等舱乘务员出现了紧急情况","这位先生,如果您方便请协助扶起这位生病的乘客"该空姐在不到1分钟里连续作出了近10个形势判断并作出相应对策。又在3分钟内组织了两位空乘人员以及4位乘客把病人扶到了头等舱。与此同时,机舱内响起了"求救广播"。

不一会儿,两位乘客医生来到头等舱,在详细询问了病人的症状后,一名姓陈的旅客拿出了自己随身携带的胃药,10分钟后,刚刚还头冒冷汗的乘客脸色逐渐恢复了正常。刘树立注意到,在整个救护过程中,这位乘务长空姐始终是面含微笑。

"她头脑冷静,思考全面,特别是笑解危局的从容,绝对超出了一般危机处理范畴。"时隔一月,刘树立还是难以忘怀。更令刘树立遗憾的是,在忙乱之中,他忘了问这位空姐的姓名。"希望通过媒体能尽快找到她,我们双星非常需要像她这样的人才。"刘树立诚恳地说。

点评:此新闻的正标题是"空姐临危一笑救乘客",副标题是"企业老总20万年薪相邀"。从这个例子中我们可以看到微笑的作用,及其带来的更多意想不到的收获。在万米高空中,旅客是缺乏安全感的,尤其对于身体素质较差或有疾病的旅客更是如此,这时空姐的表现就显得尤为重要,当面临突发情况能够临危不乱,妥善地处理,是空姐专业素质的最佳体现。旅客突发疾病,这时客舱其他旅客肯定也有担忧,案例中的空姐笑解危机,不仅对生病旅客是一种安慰,同时也安抚了其他旅客的情绪。

思考与讨论

1. 交谈中的基本规则和技巧是什么?
2. 根据人们交际关系的不同程度,可以把个体空间划为哪几种?
3. 谈谈交谈中的原则和禁忌?
4. 电话礼仪的原则是什么?
5. 理想的眼神表达应该注意哪几点?
6. 空乘服务岗位中的站姿是怎样的?

学法指导

1. 课堂讲授
2. 案例分析
3. 小组讨论

该章为实践篇,学习方法以课堂讲授和实操练习为主,课堂讲授的过程中教师积极使用案例分析,帮助学生理解本章的学习内容和重点难点;教师可以组织学生参与讨论,引导学生通过讨论加深对本章内容的掌握。实操练习时,可以让学生通过角色扮演的方法练习语言表达,空乘服务中的肢体语言可以让每个同学当堂练习。

自我检测

1. 写出自己对微笑作用的认识。
2. 制定一份详尽的语言礼仪训练计划。
3. 结合空乘礼仪训练,制定自己的礼仪校内校外实践训练方案。
4. 开展优雅站姿、坐姿、走姿的比赛,评选优秀者。

第四章　语言礼仪

背景知识链接

1. 陈刚平. 旅游社交礼仪. 北京：旅游教育出版社，2003.
2. 李永. 空乘礼仪教程. 北京：中国民航出版社，2003.
3. 孙秀萍，李永. 空乘礼仪漫谈. 北京：中国民航出版社，1996.
4. 金正昆. 商务礼仪. 北京：北京大学出版社，2004.
5. 奥运礼仪小姐训练（video.baidu.com）

第五章 公共场合礼仪

学习提示

公共场合,又叫公共场所,它所指的是可供全体社会成员进行各种活动的社会公用的公共活动空间。例如街头、巷尾、楼梯、走廊、公园、车站、码头、机场、商厦、公共卫生间、娱乐场所、邮政设施、公共交通工具,等等。公共场合最显著的特点,是它的公用性和共享性。它为全体社会成员所服务,是全体社会成员进行社会活动的处所。公共场合礼仪,指的就是人们置身于公共场合时,所应遵守的礼仪规范。它是社交礼仪的重要组成部分之一,也是人们在交际应酬之中所应具备的基本素养。人是社会的人,除了个人生活、家庭生活之外,还必不可少地要置身于公共场合,参与社会生活。在这种情况下,与他人共处,彼此礼让、包容、理解、互助,也是做人的根本。公共场合礼仪的基本内容,就是人们在公共场合与他人共处时和睦相处、礼让包容的有关行为规范。本章将从与生活和工作接触紧密的几种公共场合下需遵守的礼仪进行论述。

教学目标

1. 了解公共场合的基本礼仪。
2. 掌握与工作、生活接触紧密的几种公共场合礼仪的要点。
3. 灵活运用公共场合礼仪。

第一节 业务出行礼仪

一、乘坐飞机礼仪

在现代社会生活中,飞机由于具有快捷、舒适等特点,已经成为越来越多现代人出行的交通工具。乘坐飞机时应注意以下礼仪。

(一)登机前的礼仪

(1)乘坐飞机时,应提前一段时间去机场。一般来说,国内航班需要提前半小时到达,国际航班需要提前1小时到达,以便留出托运行李、检查机票、身份证和其他旅行证件的时间。

(2)乘飞机的行李要尽可能轻便。手提行李一般不超过5公斤,其他能托运的行李要随机托运。行李中不可有任何管制品或违禁品。

(3)乘坐飞机前要换取登机牌。每位乘坐飞机的旅客在登上飞机之前,都必须在机场内指定的地方换取登机牌,然后凭登机牌登机。

(4) 接受安全检查。为确保飞机的飞行安全与全体乘客生命财产的安全,每位乘客在登上飞机之前,均须接受例行的安全检查。

(二) 登机后的礼仪

(1) 登机后,乘客要根据飞机上座位的标号按秩序对号入座。不要去空闲的座位抢占不属于自己的位子。坐好之后,腿、脚不要乱伸,尤其是不要伸到通道上,或是别人的座位上。不要将自己的行李放到别人的行李应放的地方或别人的座位下。

(2) 系好安全带。飞机在飞行过程中,可能会遇到意想不到的气流,有时会出现相当厉害的颠簸,因此为防止意外,整个飞行途中都应系好安全带。

(3) 遵守飞机上的有关规定。如在飞机上禁止吸烟,禁止使用移动电话、激光唱片、手提电脑、调频收音机、电子游戏机以及电子玩具等有可能干扰无线信号的物品。

(4) 尊重乘务人员。上下飞机时,均有乘务人员站立在机舱门口迎送乘客,他们会向每一位通过舱门的乘客热情问候。此时,乘客应有礼貌地点头致意或问好。每逢乘务人员送来饮料、食物、报刊或是引导方向、帮助搬运行李时,都要主动向对方表示谢意。在飞机升空或降落前,乘务人员都要检查每位乘客的安全带是否扣好,座位是否调直,身前小桌板是否收起,机舱的遮阳板是否打开,此时必须服从其指挥。当飞机安全着陆后应鼓掌,以示对全体乘务人员的感谢之意。

(5)善待其他乘客。在飞机上,与其他乘客应和睦相处、友好相待,不要妄自尊大,目中无人。在飞行期间,不高声谈笑,以免影响其他乘客的休息;不要谈论一些劫机、坠机、撞击的话题,以免吓到其他乘客;也不可在飞机上反复打量、窥视别人;在座位上休息时,不要晃动不止、摇摇摆摆,妨碍他人;不把椅背调得太靠后,给自己身后的客人造成不便;不把身前的小桌板反复支起、放下,让前座的客人受"困扰"。

(三)停机后的礼仪

停机后,乘客要带好随身携带的物品,按次序下飞机,不要抢先出机舱。

二、酒店中的礼仪

酒店,又叫饭店、宾馆,一般是指规模较大、设备较好、档次较高的旅馆。从广义上讲,酒店属于公共场所,因为它拥有广大的公众活动的空间。从狭义上讲,酒店也算作私人居所,因为每间客房仅供其住宿者专用。不论是去酒店访友、娱乐、用餐,还是去酒店办公、住宿,都必须遵守酒店所通行的特殊礼仪。

(一)酒店内活动

在现代化酒店内,都有餐饮、娱乐、购物等设施,住宿于酒店的客人可享受酒店所提供的种种便利,非住宿客人也可到此娱乐休闲、会友,但无论是谁,都应遵守酒店的礼仪规范。

1. 着装

在酒店内活动时,着装要与周围环境协调,要文明得体,不失身份。住宿者在客房内活动时,着装可相对自由一些,但绝不允许穿着睡衣、拖鞋之类的室内装束出现在酒店的公共场所;而对非住宿者,在着装方面总的要求是文明着装,力戒不整。具体来讲,酒店不欢迎衣衫不整者、不修边幅者入内。

2. 活动

在酒店内活动时,既要不超出规定的活动范围,又要使自己的行为举止不妨碍他人。

(1)走动。在酒店内走动时,要保持一定的正常速度,并要显得落落大方,不慌不忙。若无特殊原因,不要在酒店内乱跑、乱串,以免让人觉得形迹可疑。单身女士最好不要独自一人在酒店内的公共场所长时间停留,以免引起误会。

(2)交谈。在酒店内的走廊、电梯、楼梯等处,除打招呼外,均不适合逗留很久,更不适合在此与他人交谈。如需交谈,可选择酒店的大堂、酒吧或是咖啡厅。在酒店的大堂、酒吧或咖啡厅进行交谈时,也应该压低音量,以免影响他人。

3. 用餐

酒店一般都设有专供客人使用的餐厅,有的还不止一个。除餐厅外,咖啡厅、酒吧也可以向客人提供餐饮。在酒店内用餐,应注意以下方面。

首先,保持耐心。前去生意火爆的餐厅,最好提前电话预约。如果临时决定前往,碰上人多需要等待的时候,要遵循先来后到的顺序,耐心等候。

其次,尊重侍者。在点菜、用餐时,对待侍者的态度要平等、和蔼,不要拿腔拿调,高人一等。当对方为年轻女性时,讲话要文明得体,不要调侃、捉弄对方,举止不轻浮。

再次，不要酗酒。在餐厅、酒吧饮酒时，应注意控制自己的酒量，不能毫无节制地饮酒，更不得借酒发疯。饮酒时，不与人猜拳行令，高声喧哗，以免干扰他人。

4. 娱乐

设施完善的大酒店内，通常还设有歌厅、舞厅、游泳池、保龄球室、健身房等娱乐、健身场所。在这些地方进行娱乐活动时，也应遵守相关礼仪规范。

第一，衣着打扮要与娱乐场所的环境协调。在酒店娱乐、健身时，如果按办公室的着装要求穿衣，会显得过于严肃，既让自己不舒服，也让他人觉着不顺眼。

第二，与异性交往要注意分寸。男士对女士要有绅士风度，多加优待与关照。女士对男士要保持适当的距离。

第三，不长时间独占娱乐设施。在娱乐、健身时，有时需与他人共同使用某种设施，有时则需与他人合作进行。使用某种设施时，若他人打算加入，应表示欢迎；若打算与他人合作，则应征得对方同意。

5. 购物

酒店中大都设有商品柜台，供客人选购商品。一些大型、高档的酒店还设有商场、超市和著名品牌的专卖店。在这些地方购物时，应注意以下事项。

第一，存包。在进入自选超市购物时，如果有提示要求存包，应自觉遵守。没有要求的话，不携带其他商品进入，以免产生误会。

第二，挑选。挑选商品时，不乱拆、乱试，未选中的商品要归回原位。

第三，付款。酒店内商品大都较贵，付款前，一定要看清商品价格。付款时，要当面与收银员做到货款两清，接过找回的钱款，一定要进行清点。

第四，退货。商品购买后，应保留发票或其他有效凭证，以供退、换货之用。退、换货时，理由要充分，说话要客气，不要指责售货员。

6. 业务洽谈

前往公司、企业设在酒店的办公地点洽谈业务时，应遵守必要的礼仪规范。

第一，预约。在此处洽谈业务，一般都应提前进行预约，以便对方有时间接待，切不可不约而至，干扰对方工作。

第二，守时。拜会的时间一经约定，就必须严格遵守。通常，应正点或稍晚两三分钟抵达。不要迟到太久或提前到达，更不能私自取消约会而不通知对方。

第三，通报。到达约定地点后，应当采取适当的方式，如打电话、请秘书转达或递名片,向被拜访者通报自己的到来,不要不请自进。

第四,告退。位于酒店内的办公地点一般都不大,因此不宜久留。一般拜访的时间不要超过半小时为宜。

(二)客房内休息

客房是客人付费享用的、用于其个人休息的房间,客人在客房内休息时拥有极大的个人自由,无须在意外人的反应,但也不能随心所欲,忘乎所以。

1. 享受常规服务

在一般情况下,享受酒店的常规服务也应注意以下几点。

第一,遵守规章。每家酒店都制定有自己的规章制度。入住酒店后,一定要首先了解,并自觉遵守。

第二,财物存放。一般情况下,贵重物品要存放于酒店为住店客人免费提供的前台保险柜里,而不应放置于客房内。

第三,爱护公物。对酒店的公共财产要自觉爱护,不要有意无意地破坏。对酒店提供的物品,要节约使用。

第四,注意安全。酒店每间客房的门后都有一张安全疏散图,一定要抽时间认真阅读,熟记安全通道的位置,以备发生紧急情况时逃生。

第五,避免打扰。进入客房后,一般均应立即关闭房门。电视的音量要适中,更不可太早或太晚打开电视,以免影响他人休息。

2. 保持卫生

入住客房后,应自觉保持卫生。要做到保持客房卫生,应注意以下事项。

第一,放好个人物品。客房好比客人临时的家。在这个"家"里,个人物品一定要分类、定点摆放。不要将自己的东西放得满房间都是,既增加服务员的工作量,也影响美观,留下不好的印象。

第二,保持房间整洁。休息完毕后,应将被子、毛毯叠放整齐。在客房内食用水果、糖果等时应将果皮、糖纸等倒入垃圾桶内。如在房间内用餐,餐毕,应用餐巾纸将碗、碟擦干净,放在客房外的过道上,方便服务人员收拾。

第三,注意浴室卫生。洗脸、洗手时,不要将水洒得整个洗手台都是;淋浴的时候,浴帘的下端要放进浴缸里,以防将地面弄湿;掉的头发、废弃物要扔进垃圾桶内。

三、其他公共场所礼仪

(一)公共场所的基本礼仪

(1) 不论在什么公共场所,基本的要求是要考虑到别人的方便,做到尊老爱幼、尊重他人、不打扰他人,要处处注意自己的言行举止,做到和蔼持重,文雅大方,谈吐斯文。

(2) 在公共场所的穿戴要整齐、干净,不过分夸张。

(3) 在公共场所要保持自己身体的平稳,不散发异味。

(4) 在公共场所不吸烟;不吃东西;不随地吐痰、擤鼻涕;不乱丢废弃物。

(5) 在公共场所的出进,一定要做到轻、缓、静;不用脚踢门;不在座椅上躺卧;也不要慌慌张张,毛手毛脚,以免使别人产生误会。

(6) 要爱护公共财物,不乱涂乱刻,更不随意损毁。

（二）影剧院的礼仪

观众应尽早就座。入座时，应尽量少给先到者带来不便，如需从别人面前通过，要一路小声说"对不起"，并与让位者正面相对；手中要抱紧包、物，不能触及他人。若别人从面前通过，要主动将脚歪斜过来，必要时应站起来为他人让路。

演出过程中，尽量不中途退场，以免影响他人观看。如因事确需离开，应向周围的人道歉。演出结束后，应有秩序地离开，不可推搡。

（三）图书馆的礼仪

（1）注意整洁，遵守规则。不能穿汗衫和拖鞋入内；不预占位置；查阅目录卡片时，不可把卡片翻乱、损坏，或在上面乱涂乱画。

（2）保持安静和卫生。走路时脚步要轻，不高声谈话，不吃有声或带壳的食物；产生的垃圾应丢进垃圾桶或离开时带走。

（3）爱护公共财物。

（四）博物馆的礼仪

（1）服装整洁。博物馆、美术馆是学术氛围较浓的高雅场所。凡到博物馆、美术馆等参观的人，一般都是具有一定品位和修养的人，参观时必须服装整洁。

（2）文明参观。参观时要保持安静，不得大声喧哗。听讲解员讲解时要专心，不要妄加评论，要自觉遵守博物馆的有关规章制度，不要一边走一边吃零食；不宜在一件展品前作长时间的停留，应按顺序边走边看。

（3）爱护展品。参观时，不要用手触摸展品；未经允许，不使用闪光灯对展品拍照，对禁止拍照的展品还要做到不强行拍照。

（五）医院的礼仪

医院是个特殊的公共场所，人们去医院看病要讲究看病礼仪；住院治疗要遵循治病礼仪；探望病人要讲究探望病人的礼仪。

1. 看病礼仪

要遵守医院规矩，自觉排队挂号，就诊时要尊重医生，如实回答医生的提问。

2. 住院礼仪

要听从医生的安排，积极配合治疗疾病。遵守病房的作息制度，自觉保持病房的卫生和安静。

3. 探望病人礼仪

探望病人要选择恰当的时间，携带合适的礼品，要讲安慰的话语，以免给病人带来精神压力。

（六）乘坐电梯礼仪

在日常的工作、生活中，经常会有使用到电梯的时候。乘坐电梯时，需要遵循一定的电梯礼仪。

等候电梯时，应站在电梯门两侧，以免妨碍电梯内的人出来。

电梯门打开时，先等别人出电梯。此时，可用手扶着电梯门边上的橡胶条，不让门关上，让大家有足够的时间进电梯。

出电梯时，应遵循长辈、女士、客人先出的原则。在与熟人同乘电梯，尤其是与长辈、女士、客人同乘电梯时，进入无人管理的电梯，应当先进去，后出来。因操作按键是晚辈或下属的工作,先进去是为了控制电梯,后出来也是为了控制电梯。进入有人管理的电梯,陪同者或晚辈则可以后进入,让尊长、女士、客人先进入并先出来。

进入电梯后,先上的人应站在电梯门的两侧,其他人站两侧或后壁,最后上的人站中间。如果电梯内的人已很多,则不要再往里面挤,可以等下一趟。

进入电梯后,应依次按动自己要去楼层的按钮,如果离按钮太远或电梯拥挤,请尽量让离按钮近的乘客帮忙按楼层按钮,需带有"请……几层"、"谢谢"等礼貌用语;电梯内是公共场所,应注意卫生,禁止吸烟;因电梯空间狭小,特别是拥挤时,人与人之间的距离小于最低的交际距离,乘客应尽可能保持沉默,可以点头招呼或道一声问候;如必须讲话,应做到低声细语,切勿高声喧哗,以免显得自己缺乏教养;不要凝视他人。

第二节 文体活动中的礼仪

一、体育比赛

(一)衣着

体育场所中的衣着一般是非正式的,以穿着舒适为主,可着运动装、休闲装。

(二)入座

应准时到场,以免入座时打扰到他人。观看比赛时,不能因情绪激动而用脚踩在座位上观看比赛。

(三)遵守秩序

观看体育比赛时要讲文明。可以为自己喜爱、支持的运动员或运动队加油呐喊,但不能因此而辱骂对抗的一方;也不能因不满赛况而向比赛场中投掷杂物、攻击裁判等。

(四)照顾他人

与在其他公共场所一样,体育比赛中若想吸烟,要注意场内是否允许并要取得周围人的同意。比赛期间不要频繁地进出买饮料、如厕等,以免影响其他观众。啦啦队、球迷队的欢呼助威也要照顾他人的观看。

(五)退场

赛事结束后,应按顺序退场,不要相互拥挤,以免因人多发生意外。如果赛后有要事要办,可提前几分钟悄悄离去。

二、文艺表演

观众在观看文艺演出时应遵守以下礼仪规范。

(一)购票入场,衣着整齐

观看文艺表演时,要保管好自己的入场券,不得丢失。如果打算邀请他人与自己一同观看演出,应在一周前通知对方,以便对方早做安排。

观看演出时,着装应整齐、干净。同时,不同的文艺表演对着装有不同的要求,应注意遵守。观看戏剧、舞蹈、音乐或综合性文艺晚会,着正装;观看曲艺、杂技、电影等,则符合一般着装要求即可。

第五章 公共场合礼仪

（二）提前到场、礼貌入场

观看文艺表演时，应准时或提前到场。如果迟到，最好在幕间入场，若无幕间，则入场时一定要放轻脚步声，同排的观众协助自己入座时，应表示感谢。

在寻找座位时，应对号入座。如果别人已占了自己的位子，可礼貌地请人让开，或请工作人员协调，以避免发生口角或冲突。

如果是陪同他人一起观看文艺表演，应把好的座位让给他人。男女同去时，男士应坐最靠过道的座位。

（三）遵守演出场所规则

观看文艺演出时，应摘下帽子，以免挡住后面观众的视线。不随便走动，不随意拍照，手机应关闭或置于无声状态，不吃东西，特别是带壳或包装的食物。

观看演出时，坐姿要端正，不左右摇晃、前蹚后仰、扭来扭去；不把脚踩在他人椅面或蹬在他人椅背上；不坐在座位的扶手上、椅背上或垫高座位。未到演出结束，不得起立。

要注意保持演出场所的安静，在演出过程中，不高声解说或评论，不与他人交谈。夫妻或情侣一起观看时，应避免过于亲昵的动作。

（四）尊重演员

观看演出时，应尊重演员的劳动，一幕结束或一曲终了，都要热烈鼓掌。鼓掌要热烈，还应把握好时机和分寸。听音乐在一曲终了时鼓掌；看戏在每一幕结束时鼓掌；看芭蕾可以在演出中间，一段独舞或双人舞之后鼓掌。只有在演出结束时，掌声才可以经久不息。

观看演出时，不宜中途退场。如有急事，也应在幕间或一个节目结束时。提前退场不仅影响别人观赏，更是对演员的极不尊重。

演出全部结束后，应鼓掌起立，不要匆忙退场。可以在演出谢幕时，给演员送花。为代表团举行的专场演出，可由代表团赠送花篮。

三、集会与庆典

（一）集会礼仪

集会，又称会议或聚会，是指有领导、有组织地使人们聚集在一起，对某些议题进行商议或讨论的活动。在现代社会里，它是人们从事各类有组织活动的一种重要方式。

依照会议的具体性质进行分类，会议大致可以分为如下四种类型：一是"行政型会议"，指各个单位所召开的工作性、执行性的会议，如行政会、董事会等；二是"业务型会议"，指有关单位所召开的专业性、技术性会议，如展览会、供货会等；三是"群体型会议"，指各单位内部的群众团体或群众组织所召开的非行政性、非业务性的会议，旨在争取群体权利，反映群体意愿，如职代会、团代会等；四是"社交型会议"，指各单位为扩大其交际面而举行的会议，如茶话会、联欢会等。各种会议类型都有一些基本的礼仪规范，现分别介绍如下。

1. 主持人礼仪

各种会议的主持人，一般由具有一定职位的人来担任，其礼仪表现对会议能否圆满成功有着重要的影响。

主持人应衣着整洁，大方庄重，精神饱满，切忌不修边幅，邋里邋遢；走上主席台应步伐稳健有力，行走的速度随会议的性质而定；入席后，如果是站立主持，应双腿并拢，腰背挺直;单手持稿时,右手持稿的中部,左手五指并拢自然下垂;双手持稿时,应与胸齐高;坐姿主持时,应身体挺直,双臂前伸,两手轻按于桌沿;主持过程中,切忌出现搔头、揉眼、抖腿等不雅动作。主持人应口齿清楚,思维敏捷,语言简明扼要;应根据会议性质调节会议气氛,或庄重,或幽默,或沉稳,或活泼;主持人对会场上的熟人不能打招呼,更不能寒暄闲谈,会议开始前,或会议休息时间可点头、微笑致意。

2. 会议发言人礼仪

会议发言有正式发言和自由发言两种,前者一般是领导报告,后者一般是讨论发言。正式发言者,应衣冠整齐,走上主席台应步态自然,刚劲有力,体现一种成竹在胸、自信自强的风度与气质,发言时应口齿清晰,讲究逻辑,简明扼要。如果是书面发言,要时常抬头扫视一下会场,不能低头读稿,旁若无人。发言完毕,应对听众的倾听表示谢意。

自由发言则较随意,但要注意,发言应讲究顺序和秩序,不能争抢发言;发言应简短,观点应明确;与他人有分歧,应态度平和,以理服人,听从主持人的指挥,不能只顾自己。

如果有会议参加者对发言人提问,应礼貌作答,对不能回答的问题,应机智而礼貌地说明理由,对提问人的批评和意见应认真听取,即使提问者的批评是错误的,也不应失态。

3. 会议参加者礼仪

就一般与会人员来说,最基本的是要按时到会,遵守会议纪律。开会时要尊重会议主持人和发言人,当别人讲话时,应认真倾听,也可以准备纸笔记录下与自己工作相关的内容或要求。不要在别人发言时说话、随意走动、打哈欠等。会中尽量不离开会场,如果必须离开,要轻手轻脚,尽量不影响发言者和其他与会者,如果长时间离开或提前退场,应与会议组织者打招呼,说明理由,征得同意后再离开。

在开会过程中,如果有讨论,最好不要保持沉默,这会让人感到你对工作或对单位漠不关心。发言前要在心里有个准备,用手或目光向主持人示意或直接提出要求。发言应简明、清楚、有条理,实事求是。反驳别人时不要打断对方,应等待对方讲完再阐述自己的见解;别人反驳自己时要虚心听取,不要急于争辩。

(二) 庆典礼仪

庆典,是各种庆祝仪式的统称。庆典活动的范围较广,形式也很多,如开业庆典、周年纪念庆典、庆功典礼、节日庆典、重大活动庆典等。

1. 庆典礼仪注意事项

依据仪式礼仪的有关规范,在布置举行庆典的现场时,需要通盘考虑的主要问题如下。

(1) 地点的选择。在选择具体地点时,应结合庆典的规模、影响力以及本单位的实际情况来决定。本单位的礼堂、会议厅,本单位内部或门前的广场,以及外借的大厅等,均可予以选择。但是在室外举行庆典时,切勿制造噪声、妨碍交通或治安。

(2) 环境的美化。在反对铺张浪费的同时,应当量力而行,着力美化庆典举行现场的环境。为了烘托出热烈、隆重、喜庆的气氛,可在现场张灯结彩,张贴一些宣传标语,并且张挂标明庆典具体内容的大型横幅。如果有能力,还可以请由本单位员工组成的乐队、锣鼓队届时演奏音乐或敲锣打鼓,热闹热闹。但是这类活动应当适度,不要太过头,以免"喧宾夺主"。千万不要请少先队员来扮演这类角色,不要让孩子们因此事而影响学业。

(3) 场地的大小。在选择举行庆祝仪式的场地时,应当牢记并非越大越好。从理论上说,场地的大小应与出席人数的多少成正比,也就是说场地的大小,应同出席人数的多少相适应。人多地方小,拥挤不堪,会使人心烦意乱。人少地方大,则会让来宾对本单位产生"门前冷落车马稀"的错觉。

(4) 音响的准备。在举行庆典之前,务必要把音响准备好,尤其是供来宾们讲话时使用的麦克风和传声设备。在庆典举行前后,播放一些喜庆、欢快的乐曲,只要不抢占"主角"的位置,通常是可以的,但是对于播放的乐曲,应先期进行选择并审查,切勿随意播放。

最后,应当精心拟定庆典的具体程序。一次庆典举行的成功与否,与其具体的程序不无关系。仪式礼仪规定,拟定庆典的程序时有两条原则必须坚持:第一,时间宜短不宜长。大体应以1小时为宜,这既是为了确保其效果良好,也是为了尊重全体出席者,尤其是为了尊重来宾。第二,程序宜少不宜多。程序过多,不仅会加长时间,而且还会分散出席者的注意力,并给人以凌乱之感。总之,不要使庆典成为内容东拉西扯的"马拉松"。

2. 庆典仪式的程序

依照常规,庆典大致应包括下述几项程序。

(1) 请来宾就坐,出席者安静,介绍来宾。

(2) 宣布庆典正式开始,全体起立,奏国歌,唱本单位之歌。

(3) 本单位主要负责人致辞,其内容是对来宾表示感谢、介绍此次庆典的缘由等,其重点应是报捷以及通报庆典的可"庆"之处。

(4) 邀请嘉宾讲话。通常,出席此次庆典的上级主要领导、协作单位及社区关系单位,均应有代表讲话或致贺辞,不过应当提前约定好,不要当场当众相互推搡。对外来的贺电、贺信等,不必一一宣读,但对其署名单位或个人应当公布。在进行公布时,可依照其"先来后到"为序,或是按照名称的汉字笔画数进行排列。

(5) 安排文艺演出。这项程序可有可无,如果准备安排,应当慎选内容,不要有悖于庆典的主旨。

(6) 邀请来宾进行参观。如有可能,可安排来宾参观本单位的有关展览或车间等。此项程序有时亦可省略。

3. 主办单位人员的礼仪

按照仪式礼仪的规范,作为东道主的人士在出席庆典时,应当严格注意的问题涉及以下五点。

(1) 仪表得体。所有出席本单位庆典的人员着装应该整洁规范,不得自由放任。有统一式样制服的单位,应以制服作为本单位人士的庆典着装。无制服的单位,应规定届时出席庆典的本单位人员必须穿着礼仪性服装,即男士应穿深色的中山装套装,或深色西装套装;女士应穿深色西装套裙,或花色素雅的连衣裙。在这一问题上,单位的负责人,尤其是出面迎送来宾和上主席台的人士,要做好表率。

(2) 遵守时间。如果庆典的起止时间有规定,则应当准时开始,准时结束。上到本单位的最高负责人,下到各级员工,都不得迟到、无故缺席或中途退场。

(3) 庄重自律。在举行庆典的整体过程中,主办方人员都要表情庄重、全神贯注、聚精会神。特别是在升国旗、奏国歌、唱"厂歌"的程序进行时,一定要依礼行事。此刻,不允许东张西望、乱走乱转、交头接耳、心不在焉。

（4）态度友好。遇到来宾要主动热情地问好，对来宾提出的问题要立即予以友善的答复。不要围观来宾、指点来宾。当来宾在庆典上发表贺词，或是随后进行参观时，要主动鼓掌表示欢迎或感谢。即使个别来宾在庆典中表现得对主人不甚友善，主方人员也应当尽量克制，不可当场"仗势欺人"，或是非要跟对方"讨一个说法"。不允许打断来宾的讲话，不能对其提出挑衅性质疑或与其进行辩论，以及对其进行人身攻击。

（5）发言简短。在本单位的庆典中发言时，务必谨记4个重要问题：发言前走向讲台时要沉着冷静、平心静气；发言时要态度谦和、讲究礼貌、表达简洁、用词准确、语调合理、语速适中、声音洪亮、满怀诚意；发言时间宁短勿长，发言一定要在规定的时间内结束，不要随意发挥，信口开河；发言时应当少做手势，含义不明的手势在发言时坚决不用。

4. 外单位人员的礼仪

外单位人员在参加庆典时，不论是否是主办单位邀请的嘉宾，不论是以个人身份还是以单位代表的身份而来，都要注意自己的言行举止。首先，在仪态举止上要符合庆典仪式喜庆、欢愉的整体氛围；其次，在参与庆典活动过程中，要表现积极、态度友好、遵守庆典大会的秩序，服从主办单位人员的管理。总之，外单位人员要注意自己的临场表现，不能认为自己身份特殊而在参加庆典时自由放任、任意而为。

第三节 公共秩序礼仪

一、行路礼仪

（一）行路应有的举止

（1）在街上走路时应注意仪态。正确的走姿：挺胸抬头，不驼背含胸，乱晃肩膀；走路要目光自然前视，不要左顾右盼，东张西望。男性遇到不相识的女性，不要久久注视，甚至回头追视，显得缺少教养；女士的仪表要端庄大方，不要左顾右盼，摇头晃脑。

（2）行路时，若要超越他人应尽量从左侧，遇路狭窄时应减速、侧身；如遇他人相对而行有相撞危险时，也应减速、侧身相让；尤其在转弯时，更应注意对他人的避让，特别是对老人、女士或孩子。让路应往右侧避让。

（3）在行路时，如需提鞋或系鞋带，应走到路边，不要在路面上就地进行。

（4）如需他人为你让路，要说"对不起，请让一下"，而不能用手触及或拍打对方，如对方是异性，则更应该注意。

（5）在行路中，如人多拥挤，被别人踩上一脚或撞了一下，不要大声申斥对方或纠缠不休；如果是你踩或撞了别人，应诚恳道歉，而不要强词夺理为自己辩护。

（6）在路上行走，眼睛不要顾盼左右，看人看物都不要用"盯视"，尤其对女士更不应如此，也不要对某人指指点点、评头品足，更不能窃笑。

（7）行路中，遇有残疾人、外国人或有人吵架时，不要围观，围观既堵塞交通，也不尊重别人。如确遇有意外发生，也不能观望，而应见义勇为或提供帮助。

（二）遵守交通规则

（1）行人过马路要走人行横道、地下通道或过街天桥，这是现代人、特别是城市市民所必须遵守的规矩。在设有人行横道信号灯的地方，要严格遵守信号。如行至马路当中，红灯亮了,也不要掉头回走,而应在行人等待区等待;在没有人行横道或信号灯的地方,过马路要注意来往车辆,不要斜穿猛跑,更不要从停车的后边突然跑向马路对面。

(2) 行人外出,须在行走方向的右侧人行道内行走;在没有人行道的路上应靠路边走。

(3) 爱护交通设施,不得随意损坏和拆移交通设施,不要钻、跨、倚坐交通护栏和隔离墩。

(三) 问路及回答应注意的礼貌

(1) 问路要事先选择对象,发问要按当地的习惯打招呼,不可不尊重当地习俗而乱用称呼。发问时,必须冠以称呼,再以"请"字开头;目光应平视对方,不能边问边打量对方;问路要看场合和时机,不要在别人正在学习、工作或交谈等的时候突然发问,而应在旁边稍候或做些暗示性动作,引起对方的注意后再发问;问路时,应注意事先了解和掌握寻找对象的基本情况,否则别人难以回答。

总之,问路时要尊重对方,举止端庄,彬彬有礼,语言恳切,语调平缓;问完后,无论对方的回答是否令你满意,都应表示感谢。

(2) 凡别人向你问路时,应尽所能去帮助别人。如果发问人不太礼貌,也最好不去计较;如果你回答不了对方的问题,最好是主动转问他人,或建议其另找人问。对外地人,尤其要热心,必要时可为其带路。

(3) 路遇熟人时的礼貌。在路上遇到熟人,要主动打招呼,互相问候,不能视而不见或把头偏向一边。这是最基本的礼貌要求,但也要根据不同情况区别对待。

① 好久不见的老朋友相遇时,不要大声惊呼,也不要远距离呼唤。寒暄后,如要驻足长聊,应避开拥挤的人群,到不打扰别人的地方攀谈;谈话时声音不可太大,也不能手舞足蹈。

② 当与几个同事或好友在路上遇到熟人,应介绍同行人与自己的关系,但不必一一介绍,然后应向同伴介绍这位熟人。此时,被介绍者应相互点头致意。如是男女两人同行,遇到女方的熟人或朋友,女士可以不把男伴介绍给对方,男士则应在他们寒暄时自觉地与他们隔开一定的距离等候,待他们说完话后再继续同行。女士要注意不要交谈时间太长,并对男士的等候表示歉意;如遇到的是男士的熟人或朋友,男士则应该把女伴介绍给对方,女伴应向对方点头致意。如是两对夫妻或两对情侣路遇,相互致意的顺序是:先女士们互相致意,然后男士们分别向对方的妻子或女友致意,最后才是男士们互相致意。

③ 不很熟悉的异性相遇时,女士(小姐)应点头招呼,但不要显得太热情,或用冰冷的面孔待人;如男士路上偶遇不太熟悉的女士(小姐),应首先打招呼,但表情不可太殷勤。

(4) 男女同行的礼貌。

① 女士在右。男女同行,女士走在男士的右边,男士走在女士的左边,这是男女同行的通用规则。过马路时,男士不必前后来回奔跑,只需保持在女伴的左边。如因别的事情扰乱了男左女右的位置而要恢复或调整时,男士应拖后一步,从女士的身后绕过。

② 女士在前。不论同行的男女是何关系,均应并肩而行,但在通过门道等狭窄的地方时,女士在前;在前方拥挤、情况不明或危险的情况下,男士则应在前。所以,女士在前是礼貌,男士在前是承担风险。

③ 男士帮助女士。在同行的男女中，不论是什么关系，如女士发生困难，男士应主动相帮。女士如愿意接受，则应大大方方，不做忸怩之态，事后致谢；女士如不愿意接受，可婉拒。此时，男士帮助女士，不视为殷勤，女士接受也不可视为举止轻浮，这完全是礼仪的要求。

（5）多人并行的礼貌。

① 多人并行，首先要考虑的是不要堵塞交通。并排行走时，一般最多不超过三人，三人以上的最好是两行并行。两人并行，如前所述，其尊位在右边；若三人并行，其尊位在中间，这是通行的规矩。

② 三个不同性别的人通行，一般也应遵守"尊位"在中间的规矩，但也应考虑不同情况：

a. 两男一女并行，女子走中间；

b. 两女一男并行，男士最好不要夹在他们中间。但当一位未婚男子与两位单身女子通行时，男子走在她们中间较妥。

（6）行路时使用雨伞的礼貌。

① 雨天，当你打着雨伞行路时，如有人想借伞避雨，你应顺路捎带同行，不要讨厌别人。

② 在男女合用一把伞时，不管双方是什么关系，一般由男士执伞；同性两人合用一把伞时，一般由高个儿执伞；如与长辈合用一把伞时，应由晚辈执伞。

③ 无论男士还是女士拿伞都应小心，以免伞尖捅伤他人；当伞收起不用时，应顺着拿在手里或挂在胳膊上，并靠近身体，不要横握手中，更不能拿雨伞为自己开路。

（7）路边小憩应注意的问题。

① 当行路累了的时候，不要随地就坐，应到专供游人休息的地方，或找个比较僻静的地方休息。

② 休息时，要顾及自己的形象，不应横七竖八、大叉腿，不应光背或撩裙子；女士坐下时，请务必整理一下自己的衣裙，坐下后的腿要并拢。无论何种情况下，都应尽量使自己的行止雅观、不失态。

二、秩序礼仪

作为社会人，总是要和别人打交道的。那么，一个人只要和别人打交道，就会面临性别关系（比如同性、异性）、年龄的问题（比如长辈、晚辈、平辈）、地位的问题（比如上级与下级、主人与客人）。无论是个人和个人打交道，还是在公共场合个人参与社会交往面对群体都要遵守一定的礼仪秩序。

（一）握手礼仪

握手是大多数国家相互见面和告别时常用的礼仪。在交际场合，一般在互相介绍和见面时以握手为礼。握手是一种常用的见面礼仪，有时候也具有"和解"、"友好"等重要的象征意义。

握手礼起源于中世纪的欧洲，当时的欧洲是身着戎装的骑士、侠客盛行的时代。一个个头带钢盔、腰挂利剑的武士让人望而生畏。但这些人见了亲朋好友，都是脱去头盔、铁甲，伸出右手，与朋友握手，以示友好。这就是握手礼的起源。

此后，这种做法慢慢形成习惯，人们见面或告别时彼此握手，轻轻摇动，以示友好，握手礼就这样形成了。现代社会生活中,握手礼无处不在,而且意义重大。例如:尼克松总统回忆他首次访华在机场与周恩来总理见面的情景时说:"当我走下飞机时,决定一边伸出我的手一边向他走去。当我们的手握在一起时,一个时代结束了,另一个新的时代开始了。"据基辛格回忆,尼克松总统为了突出这次握手的镜头,还特意要基辛格等随行人员都留在专机上,等他完成了这次历史性的握手后,才允许他们走下飞机。

看似简单的握手,却蕴涵着复杂的礼仪,承载着丰富的交际信息。比如,我们与成功者握手,表示祝贺;与失败者握手,表示理解;与同盟者握手,表示期待;与对立者握手,表示和解;与悲伤者握手,表示慰问;与欢送者握手,表示告别等。

握手时,应当由谁先伸手呢?这是一个礼仪问题。

一般的规则是尊者先伸手。如:上级与下级握手,应由上级先伸手;女士与男士握手,应由女士先伸手;长辈与晚辈握手,应由长辈先伸手;老师与学生握手,应由老师先伸手。

还有一些特殊情况需要注意:一个人与多个人握手时,要讲究先后次序。即由尊而卑,由长及幼,先女士后男士。在公务场合,伸手的先后次序主要取决于职位和身份。在社交场合更要注重年纪和性别。如果作为客人,见面时应该由主人先伸手,告别时客人应首先伸手与主人握手。

握手时应当注意以下几点。

1. 神态专注

握手时要神情专注,面含微笑,要表现得善意、友好。不能一边握手一边东张西望,甚至与他人打招呼,这都是极不礼貌的。

2. 姿势自然

握手时要站立,坐着与别人握手是应该避免的。

3. 手位适当

(1) 单手相握。握手时,手指尖向下最为合适。与人握手时,如果掌心向上,表示谦恭;如果掌心向下,表示自我感觉良好,自高自大。

(2) 双手相握。指用右手握住对方的右手后,再以左手握住对方的右手背。这种方式可以表现自己对对方的深情厚谊。但对异性或初识者,则不太合适。双手相握时,除了左手握住对方的右手背外,还可以握住对方的手臂或手腕,也可以扶住对方的右肩。但是,如果不是至交,就不要滥用这种礼仪。

4. 力度适中

握手时,为了向交往对象表示热情和友好,应当稍许用力。与亲朋故交握手,所用的力量可以稍大些。而与异性或初次相识握手时,则千万不要用力过猛。

总之,与人握手时,不能毫不用力,否则会使对方感到你缺乏热诚与朝气,但也不能用力过度,否则难免有不礼貌之嫌。

5. 握手的注意事项

握手时,建议大家千万不要使用以下方式。

1) 击剑式握手

所谓击剑式握手,是指跟别人握手时,像击剑似的突然伸出一只僵硬、挺直而且掌心向下的手,快速袭向对方的身体。显然,这是一种令人不愉快的握手方式,它给人的感觉是鲁莽、放肆和缺乏修养。僵硬的胳膊和向下的掌心透露出一种骄傲,会给对方带来一种受制约感,因此很难建立起友好、平等的关系。我们与他人握手时,应避免这种握手方式。

2) 戴着手套握手

与他人见面时,如果戴着手套,一定要摘下来。戴手套与人握手是不礼貌的做法,意味着你不愿意与别人的手相握。有人以为,只要自己主动与别人握手,戴手套也没有关系。其实这种看法不对。即使对方是你的好朋友,也不应该这样做。

3) 死鱼式握手

所谓死鱼式握手,是一种比喻的说法。意思是说,伸出的手软弱无力,像一条死鱼,任对方把握。这种做法会使对方感到你的性情软弱或办事敷衍。这样与别人握手,一刹那间你在对方心目中的地位就降低了。所以,一定要保持握手的力度。

4) 虎钳式握手

所谓虎钳式握手,是指手像老虎钳子一样,紧紧握住对方的手,让别人欲哭不能,欲罢不得。应该说,用虎钳式握手的人,往往非常真诚热情。但用不恰当的方式表达热忱,往往收不到应有的效果。

5) 适度不当

任何事情都有个度,握手也不例外。有的人不论跟谁握手,都一个劲地点头哈腰,这样做,让人感到虚伪;有的人为了表达自己的热忱,与人握手时使劲用力,显得特别粗鲁,让人觉得反感;还有些人,尤其是少数年轻女性,为了显示自己的清高,只伸出手指尖与人握手,而且一点力也不用;让人感到冷漠、敷衍。显然,过重、过轻、过于热情都不合适。怎样才算适度呢?礼仪专家们认为正确的做法是:用手掌和手指的全部,不轻不重地握住对方的手,稍稍上下摇晃一下,同时致以问候。为了表示恭敬,握手时适当欠欠身,也是可以的。

6) 掌心向下压

一般情况下,与人握手时,把手自然、大方地伸向对方即可。如果为了表示对他人的尊敬,伸手时掌心向上即可。切忌掌心向下,用击剑式的方法与别人握手。那样会给人一种傲慢和盛气凌人的感觉,会失去朋友。

7) 心不在焉

有的人与别人握手时,左顾右盼,心不在焉,或者一边与人握手,一边与另外的人打招呼。这种做法也是极不礼貌的行为。与人握手时,两眼要正视对方的眼睛,以示诚意。

8) 持久握手

有的人喜欢握着别人的手聊家常,问长问短,啰唆个没完没了。这种做法看似热情,实际上是过分。特别是对异性人士,你握着别人的手不放,对方抽手又不好,不抽手又感到特别尴尬。一般与人握手两三秒钟就足够了。

9) 左手握手

除非右手不适,否则绝不能用左手与别人握手,尤其是对外国朋友,这一点特别值得注意。比如,印度人和穆斯林人认为,左手只适用于洗浴和去卫生间方便,而绝不能用左手去碰别人。西方人也不喜欢用左手与别人握手。

有些场合,需要握手的人可能比较多。碰到这种情况,可按由近及远的顺序,依次与人握手。但绝不能交叉握手,以免引起误解。

(二) 座次礼仪

不管是在中国还是外国,凡是正规的场合,对排列顺序的问题都比较敏感,俗称排座次。

1. 座次排列的基本原则

(1) 内外有别。主人让客人。

(2) 中外有别。中国人在政务上讲的是以左为上,而国际政务上讲的是以右为上,欧美人也是以右为上。国内政务是自己人的事,要用自己的规则;而国际政务应按国际惯例办事。

(3) 遵守成规。商务交往中要使用公认的、众所周知的规范做法。

2. 会客时的座次

会客时的排座次一般有四种模式:

(1) 自由式。就是随便坐。它通常适用于私人交往或者不好排座次的时候,比如兄弟姐妹去给老爸做寿,或者过年吃年夜饭时,一般都是自由式坐。

(2) 主席式。比如,老爸做寿,大家都坐在老爸对面,围着老爸,犹如众星捧月,此即主席式。再如老师讲课,老师一个人在讲台上,对着大家,也表示明显的主席式。

(3) 相对式。面对面就座叫相对式。相对式的含义是公事公办,即有意地与交往对象拉开距离。例如,商务谈判、领导向部下布置工作、警察询问犯罪嫌疑人等,它们一般都采用相对式。谈判多为相对式,因为谈判大都是为了实质性问题而讨价还价的。

(4) 并列式。并列式表示平等、亲密和友善。距离实际上是一种关系,是一种态度,并排就座是平起平坐,表示亲密友善。所以会客一般都是并列式。国家领导人会见外宾都是并列式。

3. 轿车的座次

如果你去迎送一位客人,用的是双排座轿车。请问在双排座轿车上,上座应该是哪个位置?第一号位置的客人应在哪里就座?

这其实是比较讲究的问题,需要因人而异。最简易的做法是客人坐在哪里,那里就是上座。可以把他往上座去让,别人不愿意坐,就不要勉强。尊重别人就是要尊重别人的选择。别人坐哪里可能有人家自己的考虑。

轿车的类型不同,座位的讲究往往也不一样。比如吉普车,上座是副驾驶座;小巴一般是多排座车,离门越近,位置越高,原因是上下车方便。一般的规则是:主人亲自开车时,上座是副驾驶座,此种情况下客人是不能坐到后面去的。专职司机开车时,司机后排的对角线之位是上座,亦即副驾驶座后面的位置。我国车辆右行,上座实际上就是后排右座,因为方向盘居左。我国香港地区、英国则是方向盘居右,它是左行,上座就是后排左座。还有一种情况,即VIP的位置,也就是司机身后的位置,高级官员、高级将领、知名人士、商界巨子等,实际上都主张坐这个位置。这个位置有两个好处:一是安全,出车祸时这个位置的死亡、负伤概率较低;二是隐秘性比较高,别人看不见,坐在那里有助于尊重和保护个人隐私。

(三)乘车礼仪

同他人一起乘坐轿车外出,最重要的礼仪是礼宾次序。

若宾主不乘坐同一辆轿车,则两辆以上的轿车队行驶中的先后顺序通常是:主人乘坐的车先行开道,客人乘坐的车随后跟进。若随后跟进的客人的车若不止一辆,则应以乘车者的地位、身份的高低为先后顺序排列。

宾主同时乘坐一辆轿车出行时,关键要看"谁是驾车人"。这是确定轿车座次尊卑顺序的前提。如果是主人亲自驾车,则他身旁的副驾驶座是上座。搭乘者若不止一人,应请其中与主人关系最密切的人在该座就座。搭乘者若仅只一人,那么他无论如何也要坐在驾车者的身旁,而不是其他位置。

按照国际惯例,宾主同乘一辆由专职司机驾驶的轿车时,车上座次尊卑为:后排为上,前排为下,右侧为尊,左侧为卑,如一辆限乘5人的双排座轿车,除去司机以外,车上座位的尊卑顺序应是:后排右座,后排左座,后排中座,前排副驾驶座。

登车时,先伸进一条腿,然后再把另一条腿并进去,样子很不雅观。最得体的方法是:先背对车内轻轻坐下,随后再把双腿一并收入车内。下车时,应双脚同时落地踏稳,然后缓缓移身车外。穿短裙的女士尤其要这样做。

与他人一起乘车外出时,一般讲究"尊者先上",即男士、晚辈、主人、职位低者不宜首先上车,而应请女士、长辈、客人、职位高者先上车,并提供必要的照顾。

照顾他人上轿车的具体做法:提前一两步到达轿车旁边,一只手拉开车门,另一只手护住车门上框,以防"先上"者上车时碰撞头部。只有等待"先上"者坐稳之后,方可用双手轻轻合上车门,最忌讳用力狠撞车门。

对有独特习俗和宗教信仰的客人要予以关照。如对来自日本、东南亚等地的佛教人士,在照顾其上下轿车时不要用手护住车门上框,因为他们认为头顶上方系灵光所在,不能遮挡。

在国外,若夫妇二人驾车外出,不管是丈夫还是妻子开车,另一方必须坐在前排,即坐在副驾驶座上。若夫妇二人同乘一辆由专职司机驾驶的轿车,则可以同坐于后排,先生居左,夫人居右。

如宾主同车时,在车上交谈与否,一般主随客便。要是客人刚经过长途旅行,可听任其在车上休息。如果播放音乐或收听广播,最好由客人提出。主人向客人简单介绍一下沿途的风光是允许的,但交谈中要避免谈车祸之类的话题。同时,在相对封闭的车厢内宾主都不要吸烟。

在较为正式的场合,人们在走下轿车时讲究"尊者居后"。即同车的男士、晚辈、主人、职位低者在没有接待人员的情况下应首先下车,为"居后"者拉开车门。此时的具体动作与照顾其上车时一样。

总之,各种场合有不同的秩序礼仪,只要我们把握好三个方面的原则,即长幼有序、女士优先、以右为尊,就可以在各种场合得心应手,不犯礼节性错误。

第四节 办公室礼仪

一、树立良好的个人形象

办公场所里的个人形象,即行为举止要得体,要讲究分寸,要与办公场所的气氛、环境以及所从事的工作性质相协调。办公场所里的个人形象主要体现在以下几个方面。

（一）仪表端庄、大方

要注意个人卫生和整洁,发型要简洁,女士应略施淡妆。服饰穿戴简洁、庄重,忌穿牛仔装或无领无袖的衣服,忌穿拖鞋。

（二）举止要庄重、文雅

注意保持良好的站姿和坐姿,不要斜身倚靠办公桌,更不能坐在办公桌上面。不要在办公室里吃东西,尤其不要吃瓜子等有响声的食品。

（三）说话要文明,有分寸

办公场所不要使用亲昵的称呼。不要总是抱怨、发牢骚或闲聊。

（四）遵守公共道德和行为准则

不要无限制地使用办公用品。办公室中的传真机、公函信封、信纸和其他办公用品等只能用于办公。

二、办公室人际关系的处理

处理好自己在本单位、本部门的各种内部人际关系,它是自己所须正视的种种交际的基础之所在。进行内部交际时,应当讲究团结,严于律己,宽以待人,并且善于协调各种不同隶属关系的内部人际关系。

（一）处理好上下级关系

摆正领导与被领导的关系,不"越位",不"越权"。讲究工作方式、方法和艺术,能够正确地对待批评和表扬,并能合理地提出可行性建议或意见。

（1）互相尊重。在平时工作当中,上下级之间要互相尊重。比如:上级对于比自己年长的下级,要尊敬如常,虚心向他们请教、吸取他们的经验。对下级提出的要求,应尽力设法帮助解决。如果确有困难,应说明情况。当你请求下级协助时,应用商量的口吻,不能用命令的口气,颐指气使,盛气凌人。被上级召见时要注意:准时到,带上记录本和笔,笔插在本子里;先敲门,听到"请进"后再进入。进门后先说"您好,您找我"。如果是主动找上级,应先说"您好,打扰您一下"。结束谈话欲起身离开时,先道一声"再见",然后转身离开并轻轻带上房门。上级来到你的工作部门时,不要马上起身,要先退离办公台一段距离,再起身。一般同事到你的工作间可以不必起身。

（2）求同存异,冷静地处理矛盾。上下级之间难免因工作产生矛盾和意见分歧。这时,作为上级,态度一定要冷静,并虚心听取下级意见,决不能自以为是,固执己见,以权势压人。如果是自己错了,则可在适当的时机,用真诚而友善的态度认错赔不是,切忌讽刺挖苦。有些问题一时搞不清楚，不妨采取"冷处理"。即使与下级发生了争执，也不应耿耿于怀，争执过后仍应友好相处，千万不可因此而抱有成见，寻机打击报复。上下级之间遇有矛盾，如非原则问题，应从团结的愿望出发，尽力缓和与消除矛盾，切不可火上浇油；如是原则问题，也应态度鲜明，决不迁就。

（3）切忌轻信传言、搬弄是非。下级听到别人传来的对上级不利的消息，不要轻信，也不要再传开去，更不能妄加猜想，添油加醋地传给别人听。这既有损于领导形象，也有损于自己的人格。

（4）切忌嫉妒之心。当下级取得了进步，工作中有了成绩时，作为上级领导应真诚祝贺，与下级共享成功的快乐；而不能讽刺挖苦，或想方设法抢功邀功，更不能不择手段中伤别人，给下级穿小鞋。

（二）处理同级间的同事关系

同事之间要加强团结协作，注意整体形象，要互相理解、宽容，保持谦恭、随和、真诚、友好的态度，互相勉励，公平竞争。

真诚处好同事关系应注意以下六个方面：

（1）要把同事关系建立在平等和互相尊重、互相帮助的基础上。

（2）以诚意和真心对待同事，严于律己，宽以待人，对同事要先看长处，多看长处，并善于向同事的长处学习。

（3）遇到繁重、复杂的工作任务，要多承担，不挑肥拣瘦；主动配合和协助同事做好工作。与同事合作取得成绩时，要讲同事的功劳；出现失误时，要主动多承担责任。

（4）当同事在工作中取得成绩超过自己时，不妒忌；当同事工作中出现纰漏或错误时，既不幸灾乐祸，也不"明知不对、少说为佳"，而应该及时地、善意地批评指出，并采取措施弥补。

（5）当和同事发生分歧和矛盾时，要及时地、开诚布公地交换意见，交心谈心，先检查自己做得不够的地方。遇上评奖、晋级等实际问题与同事发生利益冲突时，要根据实际情况正确对待。

（6）当同事生活上有困难时，应该热心帮助。

案例举要

案例：1998年8月8日，是北方某市云海大酒店隆重开业的日子。

这一天，酒店上空彩球高悬，四周彩旗飘扬，身着鲜艳旗袍的礼仪小姐站立在店门两侧，她们的身后是摆放整齐的鲜花、花篮，所有员工服饰整洁，精神焕发，整个酒店沉浸在喜庆的气氛中。

开业典礼在店前广场举行。上午11时整，应邀前来参加庆典的有关领导、各界友人、新闻记者陆续到齐。正在剪彩之际，天空突然下起了倾盆大雨，典礼只好移至厅内，一时间，大厅内聚满了参加庆典的人员和避雨的行人。典礼仪式在音乐和雨声中隆重举行，整个厅内灯光齐亮，使得庆典别具一番特色。

典礼完毕，雨仍在下着，厅内避雨的行人在短时间内根本无法离去。许多人焦急地盯着厅外。这时,酒店经理突然宣布:"今天能聚集到我们酒店的都是我们的嘉宾,这是天意,希望大家能同敝店共享今天的喜庆,我代表酒店真诚邀请诸位到餐厅共进午餐,当然一切全部免费。"霎时间,大厅内响起雷鸣般的掌声。

虽然,酒店开业额外多花了一笔午餐费,但酒店的名字在新闻媒体及众多顾客的渲染下却迅速传播开来,酒店的生意格外红火。

分析:开业典礼是企业的大喜日子,是气氛热烈而又隆重的庆祝仪式,既表明企业对此项活动庄重的态度,又可借此扩大企业的社会影响,提高企业的知名度和美誉度。该酒店的经理借开业典礼之机请避雨的行人共享开业的喜庆,借此树立企业形象,收到了意想不到的效果。这一举动很好地体现了该酒店经理的组织能力、社交水平及文化素养。

思考与讨论

1. 乘坐飞机时应注意哪些礼仪规范?
2. 入住酒店时应遵守哪些礼仪规范?
3. 握手时要讲究哪些礼节?
4. 怎样处理好办公室的关系?
5. 某公司的何先生年轻肯干,点子又多,很快引起了总经理的注意,拟提拔为营销部经理,为了慎重起见,决定再进行一次考查。恰巧总经理要去省城参加一个商品交易会,需要带两名助手,总经理选样了公关部杜经理和何先生。何先生也很珍惜这次机会,想找机会好好表现一下。

出发前,由于司机小王乘火车先行到省城安排一些事务,尚未回来,所以,他们临时改为搭乘董事长驾驶的轿车一同前往。上车时,何先生很麻利地打开了前车门,坐在驾车的董事长旁边的位置上,董事长看了他一眼,但何先生并没在意。

在上路后,董事长驾车很少说话,总经理好像也没有兴致,似乎在闭目养神。为活跃气氛,何先生提了一个话题:"董事长驾车的技术不错,有机会也教教我们,如果都自己会开车,办事效率肯定会更高。"董事长专注地开车,不置可否,其他人均无反应,何先生感到没趣,便也不再说话。一路上,除董事长向总经理询问了几件事,总经理简单地作回答后,车内再也无人说话。到达省城后,何先生悄悄问杜经理:董事长和总经理好像都有点不太高兴?杜经理告诉他原委,他才恍然大悟,"噢,原来如此。"

会后从省城返回,车子改由司机小王驾驶,杜经理由于还有些事要处理,需在省城多住一天,同车返回的还是四人。这次不能再犯类似的错误了,何先生想。于是,他打开前车门,请总经理上车,总经理坚持要与董事长一起坐在后排,何先生诚恳地说:"总经理,您如果不坐前面,就是不肯原谅来的时候我的失礼之处。"并坚持让总经理坐在前排才肯上车。

回到公司,同事们知道何先生这次是同董事长、总经理一道出差,猜测总经理要提拔他,都纷纷向他祝贺,然而,提拔之事却一直没有人提及。

问:1. 何先生为什么没有被提拔?

2. 乘车时,座次应该怎样安排?何先生坐在哪个座位才是合适的?

学法指导

1. 课堂讲授
2. 案例分析
3. 小组讨论
4. 模拟练习

自我检测

1. 根据图书馆礼仪规范,评价自己是否是一个文明读者。
2. 学校举行文艺晚会时,自己的表现是否达到了一个文明观众的标准。
3. 行走在校园里、大街上,自己的举止是否符合行路礼仪的要求。

训练项目

1. 会客、拜访、商务会谈三种场合的握手。
2. 主持一场主题班会。
3. 模拟签字仪式。

背景知识链接

1. 谢苏. 旅游社交礼仪. 武汉:武汉大学出版社,2006.
2. 孙乐中. 实用日常礼仪. 南京:江苏科学技术出版社,2005.
3. 宋移安. 社交礼仪. 武汉:武汉理工大学出版社,2007.
4. 吕维霞,刘彦波. 现代商务礼仪. 2版. 北京:对外经济贸易大学出版社,2006.
5. 金正昆. 国际礼仪概论. 北京:北京大学出版社,2006.

第六章 餐饮礼仪

学习提示

餐饮礼仪实际上是一种文化,是指在餐饮过程中客我双方形成的,并得到共同认可的一种礼节和仪式。中国素以"礼仪之邦"著称于世,讲"礼"重"仪"是我们民族世代相传的优秀传统,源远流长的礼仪文化,是祖先留给我们的一笔丰厚文化遗产。知礼懂礼、守礼行礼,是现代社会每一个人或者组织树立自身形象、赢得他人和社会尊重的前提,同时也是事业获得成功的重要条件。现代餐饮礼仪的内涵很广泛,并不只限于礼貌周到的服务,几乎所有关乎客人的感受、关于餐饮过程中的服务形象都和礼仪有关。本章从餐饮的基本礼仪、中餐礼仪、西餐礼仪、酒吧礼仪四个方面阐述了餐饮礼仪的基本内容。

教学目标

1. 了解并掌握餐饮过程中的称呼和语言礼仪。
2. 了解并掌握餐饮过程中的环境和仪表礼仪。
3. 了解中餐的分类知识,熟悉中餐的服务技能和服务礼仪。
4. 了解西餐的摆台、着装规范,熟悉西餐的服务技能。
5. 了解酒吧的类型,熟悉酒吧服务礼仪。

第一节 餐饮的基本礼仪

一、餐饮的称呼礼仪

(一) 国际通用称呼

国际上通用的称呼一般对男性统称为"先生";对女性来说,相对复杂一些,一般来说,对女子的称呼要根据她的婚姻状况来定,已婚妇女称为"夫人"、"太太";未婚女子称之为"小姐";当你不知道女性婚姻状况的时候统称为"女士"更为合适一些。这里需要强调的是,如果你不知道对方是否已经结婚当然比较保险的办法是称之为"女士",但是你如果称她为"小姐",她们也会非常愉快地接受,把这种称呼当成是一个令人愉快的错误,但是如果你将未婚的女性(即便她已经是很大年纪)称之为"太太",那将是一个不能接受的错误,不仅会影响到双方服务过程中的心情,还可能会造成无法挽回的负面影响。

(二) 对位高权重者的称呼

对于那些位高权重者一般要使用尊称,比较通用的称呼是"阁下",最好是职衔加上阁下比较妥当,如"部长阁下"、"总理阁下"等;但是对于那些称呼上比较自由的国度,如美国,多数人不喜欢这样的称呼,他们觉得过于正规,他们喜欢别人直接叫自己的名字,最好直接称呼他的教名。在这种情况下,对于这样的贵宾一般在逻辑上可以称他们为"先生"或者是"小姐"、"夫人"。有一种情况需要注意,就是对那些处于高位的女性官员,对她们一般也可以称呼为"阁下",而不一定要用"夫人"、"小姐"、"太太"之类的称呼。

(三) 对君主制国家贵宾的称呼

对于那些来自于至今仍然保留着君主体制国家的贵宾,我们应该尊重他们王室的权威,按照习惯,称国王、王后为"陛下";称王子、公主、亲王为"殿下";对于那些公、侯、伯、子、男等爵位的人士,既可以称呼其爵位,也可以称之为"阁下",有时候也可以称他们为"先生"。

(四) 对有职业、职务和学位者的称呼

对于那些专业人士,一般称呼其职业,如"护士小姐"、"秘书小姐"、"服务小姐"等;对于具有一定知识文化程度的专业人士,如医生、教授、法官、律师等,可以直接称呼他们的职务,还可以加上姓氏,例如"张教授、李医生、王法官、赵律师"等,如果加上先生、小姐等称谓就更为文明一些,如"法官先生、市长先生"。例如德国人,他们比较注重形式,当你与有博士头衔的德国客人交往时,就要不厌其烦地使用这个称呼,这样显示出对客人的尊重。

一般来讲,对于军人的称呼国际上通用的称谓是军衔或者是军衔加先生,如果知道其姓名,可以冠以姓与名,如"李军长、王参谋长"或"李XX军长先生、王XX参谋长先生"。有一些国家对于将军、元帅等高级将领也称"阁下",例如"上校先生、怀特少校、威尔逊将军阁下、戴维斯元帅先生、朱柯夫元帅阁下"等。对教会中的神职人员,可称其教会内的职称,例如:伊斯兰教——阿訇、毛拉;基督教——主教、神甫、牧师;天主教——教皇(天主教最高领袖是罗马教皇,教廷在梵蒂冈)、主教(红衣主教、宗主教、都主教、大主教、主教)、神甫、修士、修女;道教——道士、道姑;佛教——和尚、尼姑(尊称师姑)、居士(在家佛教徒);藏族中的喇嘛教——活佛、喇嘛。对教会中的神职人员,除了可称其教会内的职称外,还可称姓名加职称,或职称加先生,对主教以上的神职人员,有时也可称"阁下",如"牧师先生、主教阁下"。

餐厅酒店员工要注意的是,在接待工作中,一般不能直呼其名,即使是认识的和熟悉的顾客,也不要直呼其名。对外国人,就更不能当面称呼其"鬼佬"。如果要称呼第三者时,不能称"他",应称"那位先生"或者"那位小姐"。

(五) 对称呼敬辞的运用

我们中国人历来重视社会交往中的称呼,一般来讲,如果恰当地使用"敬称"、"美称"、"谦称"、"昵称"、"爱称"等称呼,往往体现一个人谦和、诚挚、高尚、优雅的礼仪修养。中国古代的称呼敬辞,常常以"尊"、"贵"、"大"、"台"、"玉"、"宝"等构成,名目繁多。如"恭候尊驾光临","尊驾"就是对对方称呼的敬辞,也可用"大驾"、"台驾",其义相同。再如,称对方意见为"尊见";称对方乡里为"贵乡"、"贵土";称对方身体为"贵体";称对方家眷为"宝眷"、"玉眷";称来访者为"贵客"、"嘉宾"等,这都能够表达对对方的敬意,还有"贵姓"、"贵府"、"贵公司"等。

在现代社会的交往中,常见并普遍使用的称呼敬辞有:"您","您"与"你"古时通用,现在"您"渐被用作"你"的敬词;"同志",20世纪中叶以来,"同志"这一敬辞已经逐渐成为内地公民相互间的普通称呼,在使用上并无年龄长少、地位尊卑的局限,男的、女的、年老的、

年轻的,都可称同志。即使年纪比自己小很多的,也可称之为"小同志"。"同志"这一称呼现在仍然在中国内地通用。"师傅"一词,一般指徒弟对自己学艺的传授人的敬称。但在北方,尤其在北京及其周边的华北地区,"师傅"已经成了一种通用的称呼,就像"同志"的称呼一样,无性别、年龄、职业的区分,都可以称"师傅"。汽车售票员可称"师傅",的士司机可以称"师傅",甚至对陌生人也可称"师傅"。"大姐"、"大哥"的称呼,在东北地区比较普遍,在广东人中,也比较普遍使用,甚至对年纪不大的女性或男性,都可称"大姐"、"大哥"或"姐姐"、"哥哥"。如在粤语中,常称司机为"司机姐姐"、"司机哥哥"等。"您老"的称呼,在中国传统文化中,常常称资历深、年长者为"您老",表示敬意。在中国口语中,通俗大众化的称呼,也可称"大伯"、"大爷"、"老大爷"、"老大娘"、"大婶"、"大叔"、"大姨",这样显得亲切自然。

（六）各种谦称辞的运用

谦称辞包括"愚"、"敝"、"鄙"、"陋见"等,如称自己为"愚"、"鄙人",称自己的见解为"愚见"、"陋见",称自己的身体为"贱躯",称自己的著作为"拙著"、"拙文",称自己的居所为"寒舍"、"斗室"、"陋室"、"敝斋"等。美称敬辞,主要是指尊长对年幼者表示亲爱和看重的称呼。在书面语中,用得较多的是以"贤"构成的一系列美称,如"贤弟"、"贤侄"、"贤婿"等;美称对方的子女为"公子"、"千金"等。如称人的容貌为"尊容"、"尊颜"等,这常被用作婉称敬辞,如"冒犯尊颜",即"冒犯了您"的意思。再如称小孩为"宝宝"、"宝贝"、"乖乖"等。在粤语中,称小女孩为"妹妹头"、"靓妹妹",称小男孩为"鬼仔头"、"靓仔头"、"醒目仔"等。

二、餐饮的语言礼仪

人的天性是喜欢听好听的话,做自己喜欢做的事情。根据这一人性特征,我们在语言表达中就要注意礼节礼貌,要用尊重别人的语言说话,使用商量口气,使对方容易接受。虽然说"良药苦口利于病",但人们还是爱吃包有糖衣的药片,因为它更容易咽下,因此,餐饮礼仪中要求乘务员用符合礼貌要求的语气说话。例如问客人时千万不要说:"你有什么事吗?"既然来了就有事,这种问话不利于客人说出自己的要求和打算,而应当说:"感谢您乘坐本次航班,有需要我们帮忙的地方吗?"对客人的要求,能办到的一定要办,不能办的也要解释清楚。如果客人正在谈话,有事要打扰应说"对不起,打扰一下"或"如果不麻烦您的话",不要指指点点。当客人对你表示赞扬时,要谦虚地说:"您过奖了!"或"谢谢!";当客人表示感谢时,要说:"别客气"、"不用谢"、"这是我的工作"、"为您服务很高兴"。不要毫无反应,一声不吭。当乘客有事呼叫乘务员时,乘务员要立刻应从,接着应说道:"我能帮您的忙吗?"、"您有什么需要吗?"

（一）与西方人交往的"八不问"

(1) 不问年龄。西方人大都希望自己在对方眼中显得年轻,对自己的实际年龄讳莫如深,女性更是如此,她们过了24岁以后就不再告诉别人年龄了。因此,不要当面询问年龄,也不要绕弯从别处打听别人的年龄。

(2) 不问婚姻。西方人认为婚姻纯属个人隐私,询问是不礼貌的。若是向异性打听婚否,则令对方有"关心过甚"之嫌。同时,千万不能询问别人的性生活。

(3) 不问收入。西方人将收入视为个人脸面,因为它与个人能力和地位有关。不仅收入不宜谈论,住宅、财产、服饰等体现个人收入状况的问题也应回避。

(4)不问住址。西方人认为留给他人自己的地址,就该邀请其上门做客,而他们通常是不喜欢随便请人去家里做客的。

(5)不问经历。西方人视个人经历为自己的底牌,是不会轻易让别人摸去的。

(6)不问工作。中国人爱问别人:"您正忙着什么呢?"、"到哪儿去?"、"干什么工作?"其实这只是一种问候,回答与否并非重要。但在外国人看来,问这类问题不是闲得无聊,就是有意窥探他人隐私。

(7)不问信仰。宗教信仰和政治见解,在西方人看来非常严肃,不能信口开河。

(8)不问身体。对有体重问题的人,不要问他的体重,不能随便说他比别人胖,不能问别人是否做过整容手术,是否戴假发或假牙。

与西方乘客交流时不能随便问以上问题,因为这些都属于个人隐私,不容侵犯。西方人尤其是美国人,自我观念是相当强烈的。他们强调自我的独立性,如果你好心地这样关怀他:"天气转冷了,多穿点衣服,别感冒了。"他不但不感激你,反而会感到不高兴,认为你把他当作不懂事的孩子。

(二)圆满答客的礼节

作为飞机客舱乘务员,如果飞机旅途遥远,在与乘客的交流中还需要注意以下的事项。

(1)如需知道对方姓什么可以这样问:"我可以知道您的名字吗?"、"请问您的尊姓大名?"、"让我怎么称呼您呢?"、"您叫什么名字?"前两句令人听了心里舒服,感到对方谦逊,是在尊重自己;而后两句是例行公事,口气较生硬。

(2)不要谈不愉快的内容。与客人交谈,千万不要跟人家谈一些不愉快的和别人忌讳的内容,特别是对女性。另外,如果我们谈话中无意识地涉及对方一些不幸的事情,或者是不愉快的事情,我们知道以后应该马上表示道歉,除了表示道歉以外,还应该马上转移话题,免得人家难堪。

(3)不要评头论足。和女性谈话的时候,不要随便议论人家长得胖、长得壮、保养得好等。总而言之,不要评头论足。另外,不要随便议论长辈和身份高的人,谈话的时候可以互相介绍对方的国家、相互之间的情况,但不要对人家的内政、宗教加以评论。

(4)不要寻根问底。谈话的时候,遇到对方不愿意谈的话题,就不要拼命地追问下去,更不要打破沙锅问到底。

(5)不要大声争论。在交谈中,不要过分热情,不要主动与客人展开对话,在谈论中,不要为一点小事争得面红耳赤,不要高声跟对方争论,更不要跟对方红脸,不用不好的话去挖苦对方。

(6)尊重对方的习惯。跟外宾谈话的时候,还要注意适应对方的习惯,这样才能使双方更好地沟通了解,不要说一些词不达意的话语。

(7)交谈时要讲礼貌。不可随便打断对方的讲话或随便插话,如对方表达能力差,可以用简单的话来提示启发。对对方的过失、生理缺陷,以及对方亲属或家庭中一些不易启齿的事情,都应该尽量避免提及。

(8)谈话的语言要听得懂。注意交谈语言简练、清楚、声调适中,不能使用对方听不懂的语言。

(三)注意沟通的技巧

想要更好地从事客舱餐饮服务工作,在应答客人时,还要讲究技巧。说话的艺术使人能准确恰当地表达自己的意思,能使对方欣然接受其观点,能提高工作效益并以此融洽客我双方的良好感情。

第一,要培养机敏的反应和独到的见解。应答,要求你在事先并无周全准备的情况下,不容过多思考,立即回答对方的问题。在这种情况下,你能对答如流,说话准确得体,生动有趣,表明你思维敏捷、思路开阔、思想灵活、口头表达能力强。

第二,努力积累丰富的知识和智慧。例如,美国总统罗斯福就任总统前在海军任职,一次,他的朋友问他关于在加勒比海小岛建立潜艇基地计划的事。罗斯福在回答问题之前,小声地问他的朋友:"你能保密吗?"朋友脱口而出:"能!"于是,罗斯福毫不含糊地回答说:"你能保密,我也能。"

第三,努力训练,使头脑机敏。有一天,一位外交官偶然看见身为美国总统的林肯在擦自己的鞋子,便问道:"总统先生,你经常擦自己的鞋子吗?"外交官的问话显然带有讽刺的意思。林肯不动声色、不失身份地回答:"是啊,那么你经常擦谁的鞋子呢?"(在这里,"擦鞋"是双关语,含有"拍马屁、阿谀奉承"之意。)林肯的回答,不仅维护了自己的人格尊严,而且反戈一击,使对方陷于被动。因此,面对别人的讽刺、挖苦、攻击,我们要善于听出话语的弦外之音,用得体、含蓄的回答反击对方,却又不失礼貌,使对方有口难言。

第四,不要轻易对客人说"不知道",当一位客人问你:"你知道去机场的班车几点钟开吗?"假如你知道去机场的班车几点开,可以热情肯定地回答:"12点55分开!"如果你不清楚,你可以介绍客人到别处询问,或者客气地对客人说:"时间都列在那边的告示栏上,您只需查看一下就行了。"千万不要生硬、直截了当地回答:"我不知道!"这会使客人感到你不热情,同时认为你业务不熟练,有损飞机乘务员的形象。

第五,切忌贬低客人。作为飞机乘务员,在与乘客的交往中,千万不要贬低乘客,因为贬低乘客会很伤害乘客的自尊心,指出别人的不足和强调自己的优势而对他人进行贬低,是一种无聊的游戏。我们应当发现和喜欢乘客的长处,而不应吹毛求疵地强调乘客的不足,这是在飞机客舱餐饮礼仪中尤其要加以注意的。

(四)接听电话的礼节

一个客舱乘务员在飞行服务的过程中不可能有接听电话这样的服务工作,但是从一个乘务员自身的基本素质来讲,理解和掌握接听电话的礼节礼貌,有利于提高服务质量,加强自身的修养。

1."三响之内"必接听

所有来电,务必在三声铃响之内接听。只有这样才能充分体现接待人员和服务从业人员的工作效率。如果故意延误,提起听筒以后还照常和周围的人闲聊,把发话人晾在那边,这是十分失礼的。

2. 问好之后再问候

问好之后,再报单位,再用问候语,这样可以避免搞不清身份和拨错电话的麻烦。例如北京长城饭店的电话接听问候语为:"您好,长城!"这里要求用普通话或者英语。例如"Good morning,changcheng:Hello!"接电话问好、报单位后讲问候语,例如"请问我能帮你什么忙吗?"切忌自己什么都不说,只是一味地询问对方:"你叫什么名字?"、"你是哪个单位的?"、"你找他是公事还是私事?"这种做法极不礼貌。值得注意:问好、报单位、问候语这三个开头语的顺序不能颠倒。

3. 使用热情和修辞得当的语言

热情和修辞恰当的语句,是电话回答成功的重要因素,因而,接听电话时不要用非正规的、非专业化的以及不礼貌的词语,我们可以将心比心,假如你去打电话,如果碰上对方说话生硬、很不礼貌地问:"哎,你找谁?"、"不在!"咔嚓!把电话挂了。如果你再打过去询问:"他到哪里去啦?"对方便不耐烦地回答说:"不知道,你真啰嗦!"或者说:"不是告诉你他不在吗?怎么又打来呢?真讨厌!"此时,你的心情如何?一定是顿时感到不愉快,倒不是因为没找到你要找的人,而是由于接电话的人不礼貌而伤了你的自尊心。因此,接电话要遵循"己所不欲,勿施于人"的原则,礼貌待客。

4. 电话接线要迅速准确

一般来讲,下榻在酒店的客人所接到的大多数电话都是长途电话,都很重要,因而,电话接线要迅速准确。另外,不许误传客人的信件或电话留言,一定要做到认真、耐心、细心。通话时,听筒一头应放在耳朵上,话筒一头置于嘴唇下约 5 厘米处,中途若需与他人交谈,应用另一只手捂住话筒。

5. 学会聆听

在客人讲完之前,千万不要打断他的电话,也不可妄下结论。如果听不清楚对方的话语,要复述客人的话,仔细核实一下,以免搞错了对方的意思。听电话要注意礼貌,仔细聆听对方的讲话,对重要的话进行重复和核对,应不时地用"嗯"、"对"、"是"等词语来给对方积极的反馈。如果对方发出邀请或会议通知,应该向对方致谢。如果对方反映问题,或客人投诉,接听要耐心。回复对方的话,要十分注意语气和措辞,要显得热情、诚恳、友善、亲切,让对方能体会到你对他的关注。

6. 培养做好记录的习惯

若是重要的事,应做记录。记录时,要重复对方的话,以检验正确无误。应等待对方自己来结束谈话,如果在电话上定不下来,可告知对方,待请示后再回电话答复。通话结束时,应说"谢谢您!"通电话以对方挂断电话为通话完毕。注意,任何时候都不得用力摔打听话筒。

7. 说话语气要平和

接待人员或者是服务人员在打电话时，要直对着话筒说话，嘴唇与话筒相距 5 厘米为宜，要使用正常的语调，说话直截了当，开门见山。此外，还要做好准备工作。电话簿、常用电话号码、日历、记录本及记录笔均应放在便于拿到的位置。拨电话之前，接待人员或者是服务人员应准备好各种材料，如各种表格、数据、图表和有关内容。

8. 接听电话要礼貌

打电话的人通常只能根据自己听到的声音判断对方的态度，因此，热情友好和及时招呼对方应该是最基本的要求。接待服务人员应该明确自己的岗位，如果对方所找的人不在，应提供帮助，解释要找的人不在，说明大约何时回来，或把电话转给某一个可以代替的人，或留下电话记录。一个完整的电话记录应包括下列内容：①受话人姓名；②发话人姓名及公司；③发话人电话号码及分机号码；④发话人所在的城市；⑤电话留言；⑥要求和允许的活动；⑦通话的日期和时间；⑧记录人姓名。

接待服务人员要礼貌地中断或转接电话。

如果接待服务人员在通话过程中务必离开一下，应该请发话人等待一下，或请对方稍后再打电话过来。如果对方愿意等候，应告知对方他的电话没有挂断，并轻轻放下话筒。礼貌地转接电话是指接待服务人员只有在确信电话所转对象能向发话者提供帮助时，才能将电话转过去，应告诉发话人要将电话转接并解释为什么要转接。接待服务人员在结束电话时，应使用恰当的结束语，对发话人表示感谢，或对自己未能提供帮助表示歉意，让发话者先挂电话，以免对方有什么误解。

9. 答话声音要亲切

接待服务人员的声调、语言、热情、快捷以及个人的知识等，都是促进客人决定是否使用该公司服务的重要因素。因此，接待服务人员在接听电话时的声音也很有"学问"。接电话时，应提倡运用富有人情味的声音，运用带笑声音与对方通话。人们都不会忘记电视连续剧《公关小姐》中曾多次出现公关部经理周颖打电话的镜头，她拿起话筒后总是以十分亲切的声音说："您好！我是公关部周颖"。这种亲切、明快的声音使对方感到舒服，感到满意。又如广州五星级酒店——花园酒店电话小姐那亲切的声音曾感动过无数中外客人。电话铃刚响第二下，耳边即传来接线员亲切的声音："您好。花园酒店，Garden Hello!"、"请等等"、"对不起，电话正在用，请等会儿再打来！"电话小姐使用的是标准礼貌用语，加上亲切甜美的声音，往往会使对方对花园酒店倍生好感。难怪有许多东南亚客人，仅仅是因为在来中国旅行前与花园酒店的一个电话，就决定要下榻花园酒店呢！有人称花园酒店这些电话小姐是"微笑大使"，她们通过自己的声音在公众和酒店之间架起了友好的桥梁。可见，通话时充分调动一切语言修辞手段，是树立组织良好形象、与公众建立良好联系的有效手段。

美国纽约的电话公司，开了一门训练课，主要就是训练电话接线员说话，其中有一句话训练的时间最长——"请问，您接几号房？"说这句话的时候，要求接线员要显出"您好，我很高兴为你服务"的口气。其实，这也是每一位接待服务人员，乃至每一个公民接电话时都应具有的态度与技巧。谦虚、礼貌、亲切的声音，会显示出其文明的风范。如果拿起电话来就讲"你是谁？"语气生硬，对方听了会不高兴，不愿告诉你；如果说："您好，请问您是哪一位？您需要帮助吗？"语气委婉中听，别人非常乐意接受。

10. 音量与声调要适宜

接待服务人员接听电话时,音量要适中,不要过高,也不要过低,以免客人听不清。要采用愉快、自然的声音,速度以适应对方速度为宜。声调要自然、清晰、柔和、亲切,给人一种愉悦的感受,不要装腔作势,也不要声嘶力竭。发音要清楚,不夹杂地方乡土口音,如潮汕口音、客家方言等。语调要优美热情、富于表达力,而不要单调令人厌烦。另外,不能有喘息声。

11. 婉转地结束电话

一般来讲,由发话人先结束谈话为佳。如果对方话还没有讲完,自己便挂断电话,就会显得失礼。如果对方电话来得不是时候,自己正忙着办理其他更要紧的事,而对方谈兴正浓,一时还不想结束通话,擅自打断对方,或要求停止交谈都是极不礼貌的。这时,你可用十分委婉的方式告诉对方:"对不起,我真想和你多谈谈,可真不巧,现在有件急事要处理,请您稍后再打电话过来,好吗?"或者说:"对不起,如果您还有事的话,希望以后再聊,好吗?"这样就显得有礼貌。如果自己不是受话人,那么,这时你应讲:"请稍等,我去叫。"但要注意,决不能话筒尚未放下就大喊大叫:"×××,你的电话!"这样会显得你缺乏教养。如果对方要找的人正忙着,那么你应该郑重地拿起电话告诉实况,并请对方再稍等片刻,或记下对方的姓名、电话号码,交给受话人。如果自己既非受话人而受话人又不在,那么千万不能简单讲"不在!"随即把电话一挂了之。而应征求对方意见,是否需要转告,如果需要,可将对方姓名和电话号码记录下来。但千万不能问"你是她的什么人呀?你找她是私事还是公事?"等,如果你像审问犯人一样对待对方,并且打听别人的私事,那是十分无礼和缺少教养的行为。

12. 工作中的主要礼貌用语

(1) 说话要有尊称,声调要平衡。对每一位乘客说话,都应用"您"等尊称,言辞上要加"请"字,如"您请坐"、"请等一下"。对乘客的要求无法满足,应加"对不起"等抱歉话,这样使人感到热情。

(2) 说话要文雅、简练、明确,不要含糊、重复。文雅就是彬彬有礼;简练就是要简洁明了,一句话能说清楚不用两句话;明确是要交代清楚,使人能一听就懂。

(3) 说话要委婉、热情,不要生硬、冰冷,尤其是解释话,态度更要热情。讲究语言艺术,说话力求语意完整。

(4) 与乘客讲话要注意举止表情。乘务员的良好修养,不仅体现于优美的语言之中,而且寓于举止和神态中。如在飞机飞行过程中进行餐饮服务时,乘务员虽然说了"您好!您是用鸡肉米饭还是用牛肉面条?"但脸上不带微笑而且漫不经心,这样就会引起乘客的不满。由此可见,不仅要用语言还要用表情、动作来配合空乘服务。

13. 常用的礼貌用语

"欢迎乘坐本次航班!"或"欢迎您!","您早!","谢谢!"或"谢谢您!","明白了!"或"听清楚了!","请您稍候!"或"请您等一下!","对不起"或"实在对不起!","抱歉!"或"实在抱歉!","再见!"或"欢迎再次光临!"

14. 常用问候用语

见到客人都要分别主动问候:"您好!"、"早安!"、"晚安!"客人过生日应说:"祝您生日快乐!"圣诞节那天见到客人时应说:"祝您圣诞快乐!"第一次见到文艺团体客人时应说:"祝你们演出成功!"第一次见到体育代表团时应说:"祝你们在比赛中获胜!"第一次见到新婚旅游的客人应说:"祝你们新婚愉快,白头到老!"见到客人生病时应说:"请多加保重,早日康复!"如天气发生变化,见到客人时,应提醒客人"请多加些衣服,当心感冒"乘客离开飞机时应说:"欢迎您下次再次光临本次航班!"

征询问候语:

"我能为您做些什么?"、"我没听清您的话,您再说一遍好吗?"、"如果您不介意,我可以……吗?"、"您还有别的事吗?"

婉转推托语:

"对不起,我不能离开,稍等一下再为您服务可以吗?"、"承您好意,但是……"

15. 常用的间接称谓语

"一位男客人"、"一位女客人"、"您的先生"、"您的太太"等。

16. 在人际交往中常用的礼仪用语

初次见面:"久仰!"

好久未见:"久违!"

请客人来:"光临!"

表示祝贺:"恭贺!"

表示等候:"恭候!"

要先离去:"失陪!"

让人勿送:"留步!"

送客:"请慢走!"

让人费心了:"打扰!""有劳!"

请人帮助:"劳驾!""费心!"

请人让路:"借过!"

请求批示:"请教!"

请出主意:"赐教!"

请求原谅:"包涵!"

请修改文章:"斧正!"

赞美别人主意:"高见!"

还物:"奉还!"

问年龄:"高寿(对老人)"、"贵庚(一般人)"。

问姓名:"贵姓"、"宝号"。

三、客舱的环境礼仪

飞机客舱是乘客在飞行过程中活动的唯一空间,因此客舱的活动空间应该是整洁、卫生、舒适和方便的,这直接关系到乘客的身体健康乃至生命安全。养成良好的卫生意识和习惯,不仅是每个乘务员工作的优良表现,也是一个人良好礼仪修养的表现。

(一)乘务员的个人卫生

做到四勤:勤洗手,剪指甲;勤洗澡,常理发;勤洗衣服和被褥;勤换工作服。上班前和大小便后要洗手。要有健康意识,定期作体格检查,预防疾病,当发现有感冒、咽喉炎、肝炎、皮肤病时,应呈报上司,休假疗养好再上班。管理人员应十分重视服务人员的个人卫生与健康,要为他们创造一些必要的条件,并经常进行检查督促,使个人卫生形成制度。

(二) 工作卫生

乘务员当班时,应避免触摸头发或面孔,不能对着顾客或食品咳嗽、打喷嚏;乘务员的手指不可接触到食物,亦不可碰触杯口、刀尖、筷子前端及汤匙盛汤部分。乘务员使用的抹布、垫布等,每天要清洗干净,用开水浸烫,以减少或消灭细菌;托盘等工具必须保持清洁。凡腐烂变质和不符合卫生要求的食品坚决不能给乘客食用;从碟上掉落下来的食物不可给乘客食用;不可使用掉落地上的餐具,对不干净的餐具要及时送到洗洁处清洗后方可使用。此外,不同的食物不要随便混淆,以免有损味道。在服务过程中要留心就餐者,发现病态者及带菌者,对其所用餐具要单独收拾,重点消毒。收拾打扫时要注意卫生,牙签、纸巾等杂料应当尽量避免掉在地上,以免不雅和增加清洁困难。

(三) 环境卫生

客舱里的环境卫生主要包括飞机的公务舱和经济舱中客人们使用的停留空间,如飞机坐椅和四周、飞机走道、飞机厕所、工作间等场所的卫生。要搞好环境卫生,经常性的工作如下:

(1) 客舱要每次飞行结束后必须打扫;
(2) 随时清除垃圾、杂物,要提醒客人不要将残渣吐在地上;
(3) 厕所要勤冲洗、勤打扫,做到无积尘、无异味;
(4) 要采取有效措施,消灭苍蝇、老鼠和蟑螂等害虫;
(5) 乘务人员也是环境清洁的风景线,仪表、仪容、举止都应符合卫生规范。

(四) 餐具卫生

餐具的卫生要求是"四过关":一洗,二刷,三冲,四消毒。保证餐具无油腻、无污渍、无水迹、无细菌。目前,飞机主要使用的是一次性的卫生食具,清洁就更为科学和简单了。

四、餐饮的仪表礼仪

(一) 仪表

航空服务人员无论是空中乘务员还是地面服务人员,都必须具备相应的礼仪素质。那么,航空服务人员应具备哪些礼仪素质呢?对于航空服务业共同规范的仪表礼仪内容又有哪些呢?首先,是端庄的仪表。仪表指的是人的外表,包括容貌、姿态、风度等,端庄是指举止、精神端正庄重。航空服务人员有一定的容貌、身高、体形要求,尤其是乘务员,要求就更为严格。如果是头大颈短,歪嘴巴斜眼睛,弓腰曲背,身长腿短,大腹便便,或瘦骨嶙峋,就谈不上自然形体美,谈不上仪表端庄,因此也不合适从事航空服务工作。由此可见,不是任何人都可以从事航空服务工作的。许多航空公司都有自己的培训中心,他们招聘时只强调身体健康、外貌端正、口齿清楚就可以了,并且说明经验并不重要,仪表仪容最重要,所以空乘人员的第一条素质要求就是仪表端庄。

(二) 对仪表仪容的要求

1. 规范化、制度化

对航空服务的各类工作人员,按其工作性质,对其穿着打扮、仪表仪容等均做出了相应的规定,形成法则使大家有章可循,正所谓"无规矩不成方圆。"因为员工的仪表仪容反映出一个航空服务业的管理质量和服务水平,所以在国内外评定航空公司服务人员的标准中,就有考核员工仪表仪容一项。

2. 整体性

仪表仪容必须符合整体性原则的要求,即仪表仪容要和其言谈、举止,以至修养等相联系,相适应,融为一体。就外表美而言,它是由姿态的正确、身体的清洁、外表的文雅、指甲的干净、皮肤的健康、牙齿的白净、头发的修整、指甲的修剪、服饰的配套等各种因素构成的。不注意整体的和谐统一,就不可能使人有真正美的感受。外表美尤其要注意牙齿,一副健康洁白的牙齿,是口腔和肌体健康的重要标志,同时也反映一个人的文化素质与仪表风采。在我国一向把牙齿与人的外表联系在一起,"皓齿丹唇"就是一个人们心目中的健美形象。

3. 秀外慧中

仪表仪容要产生魅力,还在于注重外在美与内在美相结合,即仪表美与心灵美的统一,"珠联璧合"、"秀外慧中"、"诚于中而形于外"就是这个意思。相反,"金玉其外,败絮其中",只能使人厌恶,而不可能产生魅力。因此,仪表应该是一个人精神面貌的外在表现。

4. 如何树立好的形象

1)注重仪表是空乘人员的基本素质

空乘人员工作的特点是直接向客人提供服务,来自五湖四海的客人会对服务接待工作人员的形象留下很深的印象。良好的仪表会产生积极的宣传效果,同时还可能弥补某些服务设施方面的不足;反之,不好的仪表仪容往往会令人生厌,即使有热情的服务和一流的设施也不一定能给客人留下好的印象。因此,为了向客人提供优质服务,使客人满意,空乘人员除了应具备良好的职业道德、广博的业务知识和熟练的专业技能之外,还要讲究礼节礼貌,注意仪表仪容。

2)注重仪表仪容是满足客人的需要

注重仪表仪容是尊重客人的需要,是讲究礼节礼貌的一种具体表现。在整个空中飞行和地面停留活动过程中,客人都在追求一种比日常生活更高标准的享受,这里面包含着美的享受。乘务人员的仪表仪容美就能满足人视觉美方面的需要,同时又使他们在这样着装整洁大方、讲究礼节礼貌的空中乘务人员当中,感到自己是位高贵的客人,在求尊的心理上得到满足。

3)注重仪表仪容反映了员工的自尊自爱

爱美之心人皆有之,每一个空乘人员都想得到客人对自己仪表仪容的称赞,所以良好的仪表仪容既能表示对客人的尊重,又能体现自尊自爱。我们提倡端庄大方的仪表和整洁美观的仪容,这就要求我们空乘人员不断地通过学习,加强文化修养和道德修养,培养高尚的审美观,在实践中提高素质,在岗位上展示青年一代的精神。

(三)空乘人员的修养与仪表

1. 注意修养

人们在对美的追求中,要不断地吸收知识,丰富自己的内心世界。空乘人员就好比一名演员,空乘工作岗位就好比舞台,而客人好比观众,空乘人员一在乘客面前亮相,就要以其形象的魅力把观众吸引住,从而使观众产生愉悦,而这魅力,最重要的就是仪表与修养的体现。

2. 空乘人员应具备的修养

1) 爱祖国、爱人民的情操修养

培养热爱祖国、热爱人民的高尚情操,要了解自己的祖国和民族,加强自己热爱祖国的情操,充分认识到我们要与祖国同呼吸,共命运,没有祖国的强大,就谈不上个人的无限幸福。

2) 热爱空乘工作的道德修养

道德是调整人们之间以及个人和社会之间关系的一种行为准则。加强道德修养,就是要努力提高文化科学知识水平。有知识虽然不是有道德的全部条件,却是有道德的必要条件,不道德往往是与无知联系在一起的。

3) 善于钻研、勤学好问的学风修养

要想培养这种学风修养首先应当养成一个好的习惯:碰到不懂的事,一定要下决心搞清楚,弄明白,不能不了了之。特别要做到第一次遇到的答不出、答不好的问题,第二次遇到一定要给予圆满的答复。"书山有路勤为径,学海无涯苦作舟",要想做到勤学好问,应做到四勤。

腿勤:应勤动腿,常去请教一些有学问的人。

口勤:要不耻下问,向一切人学习,能者为师。

眼勤:做到开卷有益,大量阅读,勤于观察。

手勤:要做到事事记,好记性不如烂笔头,并能经常整理自己的笔记。"四勤"中,手勤最为重要,即"破笔之勤,胜过天聪之脑。"

4) 热情友好、文明礼貌的文化修养

热情友好、文明礼貌,是任何空乘人员都必须具备的文化修养。要想有文明礼貌的修养,对每一位空乘人员来说,还应特别注意国际乘客礼节风俗习惯,尤其是外国人忌讳的事情,以及握手姿势、谈话距离、主宾次序、避免左手递物等都应了解,以避免唐突的言行。

5) 培养竞争意识的素质修养

"见贤思齐焉",可谓人之常情。"见贤思齐"的含义就是看到德行高的人就想学得与他一样,这就是一种竞争意识。当有人比自己强时,要急起直追,赶上甚至超过强者。竞争是一种奋发向上的精神,它将激励自己前进,更好地为社会服务,更好地为客人服务。现在的社会,是个竞争的社会,企业间的竞争激烈,人与人之间的竞争也激烈,激烈的市场竞争形势促使航空公司加入竞争的行列,不断创新,争取客人的最多回头率。另外,竞争可以为每个空乘人员在公开、公平的条件下表现其才能提供机会,让其感到自己的成就和贡献总会得到公正的评价,从而激发员工的积极性和创造性,使优秀人才脱颖而出,人尽其能。

(四) 空乘人员的气质与仪表

气质是一个人智慧的体现,是一个人内在修养的表现,是比较稳定的心理特征,但不是一成不变的。人的自然本性,如饿了要吃,冷了要穿,是不可改变的。人常说"江山易改,秉性难移",吃穿是人的本性,是人类生存所必需的。但气质不同于本性,气质的形成经过先天高级神经活动和后天环境的双重塑造,气质与文化素养密切相关,是从人的言谈举止中所表现出来的。气质与环境有关,气质是一个人在其生活经历中从有影响的人们那里受到熏陶,形成的一种稳定的内在魅力,这种魅力主要来自父母或其他对其孩提时代具有显著影响的长辈。气质有好的气质,也有平凡、低俗、粗鲁的气质。酒店员工要培养良好的气质,就要多读书,肯用功,腹有诗书气自华。

（五）空乘人员的风度与仪表

风度是一个人的气质、阅历和教养的集合,体现在每个人的言谈话语和衣食住行的各个方面。不同的人有不同的气质和性格,因此风度也不尽相同。例如,由于人们的职业性质和生活环境的影响,自然而然地养成一种职业风度,比如通常人们所说的"学者风度"、"军人风度"、"外交家的风度"、"艺术家的风度"、"大学生的风度",还有什么"绅士风度"、"骑士风度"等。风度是褒义词,只适用于高尚的人。

1. 风度与幽默

幽默是风度的助手。生活中某些人言谈轻松,举止自然,往往能一语冲淡紧张或尴尬的场面,语言清晰是谈话的基本条件,而幽默则是人说话的最高境界。幽默是思维敏捷、随机应变的表现,它不仅仅是空乘人员应有的才能和风度,也是现实生活中每个人都要做到的一点。

一个人要做到风度优雅,是需要长期刻苦锻炼的,演员们之所以长期坚持形体训练,目的就在于此,一般人虽然不能像演员那样进行专门训练,但只要常常提醒自己,从日常生活中,点点滴滴处着手,潜心模仿别人的优雅动作,随时纠正自己的一些习惯,是能够达到预期效果的。风度也与人的文化修养、审美能力紧密相关。一个对自己充满信心的人才能处处表现得落落大方,一个能用欣赏赞美的眼光看待事物的人,才能使自己的举止风度达到美的标准。因此,我们要学会对人类创造力的欣赏。

2. 神态

空乘人员与乘客接触要面带微笑,神态要自然,不要怯生生的,也不要扭捏作态。如果神态不自然,就谈不上有风度了。与人说话,语气要亲切,言辞要得体,态度要落落大方。

3. 表情

表情是人的心理状态的外在显现。表情的类型有以下三种。

1) 面部表情

"面部是思想的荧光屏",各种复杂的心理活动无不在面部上呈现出来。面部表情有喜悦、高兴、发愁、悲哀、惊讶、发怒等。面部表情能反映出人们瞬间的心理与思想情绪,有时转眼即逝,因此,在交际和酒店服务过程中,就要随时注意对方面部表情的变化,特别是眉宇间的细腻而微妙的变化。空乘人员要学会察颜观色,善于观察客人的心理,做到有针对性的服务。只有学会察颜观色,才能更好地了解乘客的需要,了解乘客什么时候高兴,什么时候不高兴,从而更好地尊重乘客,关心乘客,更好地为乘客服务。

2) 肢体表情

在现实生活中,我们往往不看一个人的面孔,只观察一下他的姿态,就明白他的心理状态了。如低头不语,表示不乐或沉思,拍胸握拳表示决心,猛一扭身表示不满,大摇大摆表示满不在乎,用手摸下巴表示动脑筋。

3) 声音表情

从声音里,即从说话人的语调里,就可以知道他的心理活动。一个有才能的演说者,最懂得用语调去征服心。说话也像唱歌一样,不仅要求吐字清晰,要有抑扬顿挫,还必须注意韵律、节奏和声调,也就是说要充满着感情。心理学研究表明:人的三种表情,即面部表情、肢体表情和声音表情是相互联系、统一、协调不可分割的。一个人不可能以愤怒的面部表情和动作姿态,说出轻柔缠绵的话语,要想表达某一种情感,三种表情必须协调一致。掌握人的各种表情特征,对空乘人员掌握乘客的心理,更好地为乘客服务有一定的帮助。同时,空乘人员在为乘客服务的过程中,也要注意自己的表情,千万不要面无表情,呆若木鸡,或不可一世地板着脸,令人望而生畏,大煞风景。

4. 保持服务距离

空乘人员在与乘客交流时一定要养成良好的习惯,举止大方,与对方保持一个适当的距离。说话时,如果与对方离得过远,会使对方误认为你不愿向他表示友好和接近,甚至是厌恶他;如果在较近的距离与人交谈,稍有不慎就会把口沫溅到客人脸上,而这一般是最令人讨厌的。如果对方是异性,这样做不但有可能引起对方的戒备,而且在客观上也挺惹人注目,甚至会被人误解,这是不足取的。因此,从礼仪上说,说话要保持适当的距离。

5. 微笑

微笑也是一种风度,空乘人员要经常保持笑容,要微笑服务。没有微笑的服务,实际上是损害了航空公司的形象,它给人的印象是没有教养、没有文化、没有礼貌,足以使宾至如归变成一句空话。俗话说:"出门看天色,进门看脸色。"实践证明,如果空乘人员以热情的话语、和蔼的态度、亲切的微笑来接待客人,就会使航空企业宾客盈门,买卖兴隆。这一切告诉我们,诚招天下客,客从笑中来,笑脸增友情,笑脸出效益。有人说:"微笑是通向世界的护照,是打动客人心弦的最美好的语言"。微笑服务,它既是一种职业要求,又标志着空乘服务水平的高低,同时也是空乘人员本身素质文明程度的外在表现。要做好微笑服务,必须加强职业道德和笑的艺术两方面的修养。

掌握以下九种微笑方式:

对年长宾客,发出尊敬的微笑;

对年轻的宾客,发出热情、稳重的微笑;

对女宾客,发出贴心、关心的微笑;

对农民宾客,发出朴实、诚心的微笑;

对工人宾客,发出诚挚的微笑;

对年轻的伴侣,发出祝愿的微笑;

对儿童,发出欢愉、爱护的微笑;

对知识分子,发出文雅、大方、自然的微笑;

对无理取闹的宾客,发出自信、自重的微笑。

微笑操作练习:

在生活中,有些人不注意修饰自己的笑容,如拉起口角一端微笑,使人感到虚伪,捂着嘴角笑,给人以不大方的印象。但是打呵欠时,捂着嘴,这样挺雅观的,重视美,也是对客人的尊重。笑是可以修饰、练习的,练习的步骤如下。

第一步:念"一"。

练习时,要使双颊肌肉用力向上抬,口里念"一"音,用力抬高口角两端,但要注意下唇不要用力太大。

第二步:口眼结合。

眼睛会"说话",也会"笑",如果内心充满温和、善良和厚爱时,那眼睛的笑容一定非常感人,否则强作眼睛的笑容是不美的。眼睛的笑容,一是"眼形笑",二是"眼神笑",这也是可以练习的:取一张厚纸遮住眼睛下边部位,对着镜子,心里想着最使你高兴的情景,鼓动起双颊,嘴角两端做出微笑的口型。这时,你的眼睛便会露出自然的微笑,然后再放松面肌,嘴唇也恢复原样,可目光仍旧含笑脉脉,这就是眼神在笑。学会用眼神与客人交流,这样的微笑才会更传神更亲切。

第三步:笑与语言结合。微笑地说:"早上好","您好","欢迎光临"等礼貌用语。

第四步:笑与仪表和举止相结合。

(六)空乘人员的发式礼仪

头发梳理得体、整洁、干净,也是对人的一种礼貌。空乘人员的发式礼仪规范要求如下。

1. 头发整洁,无异味

男女空乘人员,都应该经常理发、洗发和梳理,以保持头发整洁,没有头屑。理完发要将洒落到身上的碎头发等清除干净,并使用清香型发胶,以保持头发整洁,不蓬散,不用异味发油。

2. 发型大方,得体

空乘男员工头发长度要适宜,前不及眉,旁不遮耳,后不及衣领,不能留长发、大鬓角;不允许留络腮胡子和小胡子,因为这不符合东方男子的脸型,也十分难看。空乘女员工不梳披肩发,头发亦不可遮挡眼睛,不留怪异的新潮发型,因为过分地强调新潮和怪诞,和客人产生了一种隔阂和距离,叫人避而远之。另外,女员工刘海要不及眉,头发过肩要扎起,头饰以深色小型为好,不可夸张耀眼。

3. 不染发

不要将头发染成黑色以外的任何一种颜色。因为在金发碧眼的白种人看来,东方人的一头乌发是非常有魅力的,他们特别欣赏和羡慕东方人的黑头发,如果你有一头乌黑发亮的头发,是很幸运的。

乘务员的仪表美是外在美和内在美的结合。空乘人员必须重视礼节、礼貌、仪容、仪表、仪态的训练与修养,使自己成为美的化身,成为新时代空中乘务人员的典范。

第二节 中餐礼仪

餐饮部门主要是负责为客人提供食品、菜肴、酒水和相关的一系列服务的部门,在饭店被称为饭店管理系统中的代表部门,是饭店与宾客之间联系最为活跃的部门。在飞行过程中,为旅客们提供餐食也是空乘服务中的重要环节。下面我们将日常餐饮中的餐饮类型和飞行过程中的餐饮服务作较为详细的叙述。

一、中餐的类型

1. 中餐零点

零点服务是指不提供固定桌次,客人可任选座位,按菜单随意点菜,餐后付款或签字的一种就餐形式。零点餐厅有固定的营业时间,供应菜点品种齐全,服务方式灵活,接触客人广泛,是餐饮收入的主要来源。

2. 中餐宴会

宴会是为了表示欢迎、答谢、祝贺、喜庆等，而举行的一种隆重的、正式的进餐形式。宴会有国宴、正式宴会、便宴之分。按举行的时间，又可分为午宴、晚宴。其隆重程度、出席规格以及菜肴的品种与质量等均有区别。

3. 团体（会议）餐

团体餐是指通过一定形式组合起来的，按固定进餐标准提供餐食的一种集体就餐形式。主要适合于旅游饭店所接待的各种国际、国内会议及旅游团队。团体餐特点是：人数多，标准统一，菜式统一，服务规格统一，进餐时间集中。

4. 自助餐

自助餐是一种客人自取食物的就餐方式。随着人们社会交往的增多，自助餐已成为越来越受欢迎的饮食服务方式。自助餐设有菜台，菜台上摆放菜点和餐具，菜台周围配有餐桌和坐椅，客人可根据自己的习惯和口味直接到菜台上选择喜欢的菜肴。这种就餐方式有很多优点：

（1）菜肴丰富、陈列精美，能引起人的食欲，而且价格适中，客人按固定就餐标准交费后，即可任意选择菜点，较经济实惠；

（2）由于菜台上的菜点是事先制作好的，客人一进餐厅后无需等候，适应赶时间客人的需要，客人可以随到随吃，不受时间限制。同时，可以缓和就餐高峰期厨房的忙碌和厨师人手紧张的矛盾，服务员的使用也是非常节省的。

饭店自助餐一般在节假日、食品周、食品节或根据接待服务活动的需要而举办，如圣诞节、情人节、复活节、母亲节、春节、国庆节、大中型接待活动等。其供餐方式有中餐、西餐、中西合餐三种形式。

5. 客房送餐

房间送餐服务是满足客人饮食需求、增加经济收入、提高服务质量的重要环节。客人在房间用餐以早餐最多，也有晚餐和中餐，因为有些客人由于各种原因喜欢在房间用餐，我们的服务只有让客人感到在房间用餐和在餐厅一样方便，才能体现出较高的服务质量。

6. 飞机餐饮

一般情况下，乘客乘坐时间在一个小时以上的飞机航班，飞机上会提供茶水饮料服务和餐食服务，尤其是长途旅行的国际航班，飞机上需要提供多次的茶水饮料服务和餐食服

务。有些航空公司非常注重这一服务,在飞行期间注意餐食质量和茶水饮料的次数,甚至于根据客人情况来量身订做,得到乘客好评,有的乘客就是喜欢该航空公司的餐饮服务而选择乘坐该航空公司航班。当然一些发达国家也有一些廉价航空公司,这些廉价航空公司的航班是不提供餐食和茶水饮料服务的,需要时可以向乘务人员购买。

二、中餐的服务技能

餐饮服务是一门技艺性较高的专业技术,它要求餐厅服务员掌握多种服务操作技能,如托盘、餐巾折花、中西餐摆台、斟酒、上菜、分菜、撤盘等。熟练掌握并巧妙运用这些基本功,就能把餐饮服务工作做得灵活自如。

1. 托盘

托盘是每一个餐厅服务员必须掌握的一门服务技术。服务员走菜,为客人递送物品,斟倒酒水,更换烟灰缸等都应使用托盘。

1) 类别及用途

托盘有木制、金属(如银铝、不锈钢等)以及胶木制品,根据用途又分为大、中、小三种规格的圆形与长方形托盘:大托盘,一般用于运送菜点、酒水和盘碟等较重物品;中、小盘一般用于斟酒、展示饮品、送菜、分菜等,尤以小圆盘最为常用;而一种小托盘(直径20厘米左右)则用于递送账单、收款、递送信件、礼物等。

2) 整理装盘

根据用途合理选择托盘并擦拭干净盘底与盘面,最好使用胶垫或垫上专用的盘布,以防盘内物品滑动。根据物品的形状、体积大小和作用的先后,进行合理装盘。一般是重物、高物在里档;轻物、低物在外档。先上桌的物品在上、在前;后上桌的物品在下、在后。重量分布要均匀,做到安全稳妥和方便易于递送。

3) 托姿

托盘的方式,按其重量差别分为轻托与重托。轻托又叫胸前托,左手臂弯成90度角,掌心向上,五指分开,手掌自然形成凹形,掌心不与盘底接触,用手指和手掌底托住盘底,平托于胸前,略低于胸部。重托又叫肩上托,右手扶住托盘的边,伸开五指,用全掌托住盘底,左手协助将托盘托到胸前,向上转动手腕,将托盘稳托于肩上。

4）注意事项

（1）端托时注意卫生。轻托不贴腹，手腕要灵活，切忌身体僵直，行走时步履轻快；重托盘底不搁肩，前不近嘴，后不靠发，右手自然摆动或扶住托盘前内角。

（2）托盘不越过宾客头顶，随时注意数量、重量、重心的变化，手指做出相应的移动。

（3）行走时，头要正、肩要平、上身要直、眼视前方，脚步轻盈、行走平稳、表情自然。

2. 斟酒

在餐厅里，不论是中、西餐的便饭，一般中餐酒席，还是较高级的中餐酒席、宴会以及西餐宴会，常常都由餐饮服务人员斟酒。因此，餐饮服务人员掌握一般的斟酒方法和有关知识，对做好服务工作是十分必要的。

1）酒水的准备和示酒

各种酒席、宴会预定的酒品，应事先备齐，在高级的宴会场合，应根据宴会的规格、标准同接待单位协商而定。服务员要了解各种酒品的最佳奉客温度，并采取升温或降温的方法使酒品温度适合饮用。

（1）冰镇（降温）。许多酒的最佳饮用温度要求低于室温。啤酒最佳饮用温度为4℃～8℃，白葡萄酒饮用温度为8℃～12℃，香槟酒和有汽葡萄酒饮用温度为4℃～8℃，所以要求对酒进行冰镇处理。最佳的饮用温度是向客人提供优质服务的一个重要内容。

（2）温酒（升温）。某些酒品（如黄酒中的加饭酒）在饮用前必须加温，加温后的酒喝起来更有独特滋味，这也是一种习惯做法。有些外国酒也有经升温后饮用的。

（3）示酒的方法。服务员站在点酒客人的右侧，左手托瓶底，右手托瓶颈，酒标朝向客人，让客人辨认。示酒是斟酒服务的第一道程序，它标志着服务操作的开始。在上台斟酒前，要在工作台上拭净瓶口、瓶身，检查酒水质量，如发现瓶子破裂或酒水变质，要及时调换。

2）斟倒位置和顺序

服务员应站于宾客的右后侧，当宾客入座后，用托盘显示酒种，以供选择。应从主宾开始倒，接着是主人，再按照副主宾的顺序顺时针方向依次进行。若两位服务员同时服务，则一位从主宾开始，另一位从副主宾开始，按顺时针方向进行。中餐宴会顺序一般在宴会开始前10分钟左右将烈性酒和葡萄酒斟好。在宾主祝酒讲话时服务员应停止一切活动，端正静立在僻静位置上，不可抓耳挠腮，或交头接耳，并要注意宾客杯中的酒水，当杯中酒水少于1/3时，就应及时斟添，使其经常保持八成满。要特别照顾好主宾和主人，宾主讲话结束时，服务员要及时送上他们的酒杯，供其祝酒。宾主离位给来宾祝酒时，服务员应托着烈性酒和甜酒两种酒，跟随主人身后，以便及时给主人或来宾续斟。

3）斟倒姿势和方法

身体微前倾，右脚伸入两椅之间，左脚微微踮起，将右手伸出进行斟倒，左手托盘略向外出，身体不要贴靠宾客。斟酒完毕，应顺势转动酒瓶1/4圈，以免瓶口的酒滴在台布上，手握酒瓶时尽量不要挡住商标，以便使客人看清他所饮用的佳酿是什么牌子。斟酒的方法有两种：桌斟。服务员站在宾客的右边，侧身用右手握酒瓶向杯中倾倒酒水；捧斟。一手握瓶，一手将酒杯捧在手上，站在宾客的右侧，再向杯内斟酒，然后将斟满的酒杯放在宾客的右手处。捧斟适用于非冰镇处理的酒。

4) 注意事项

(1) 右手握酒瓶下半部,商标朝外显示给客人,瓶口不搭酒杯,以相距2厘米为宜。

(2) 中餐斟酒一律以八分满为宜,表示尊重。当斟至适度酒量时万不可突然抬起瓶身,而应稍停一下,并旋转瓶身,抬起瓶口,使最后一滴酒随着瓶身的转动均匀地分布在瓶口沿上,避免酒水滴洒在台布或宾客身上。

(3) 控制斟倒速度。瓶内酒量越少,流速则越快,容易溢出。尤其是啤酒,当啤酒与汽水混喝时要先斟汽水,再斟啤酒。

(4) 酒杯倒或酒满溢出时,要迅速铺上干净的餐巾并重新斟酒。

3. 摆台

1) 铺台布

服务员站在副主人处,用双手将台布抖开铺上台面。铺台布的标准:台布正面向上(台布折缝朝上),中心线对准主人位置,十字中心点居桌中,舒展平整,四角均匀对称与桌脚垂直。铺台布的方法有两种:一种是推拉法,另一种是撒渔网法。

2) 中餐零点摆台

操作时要左手托盘,右手摆餐具。站在椅子右边按顺时针方向进行:

首先摆餐碟(或称骨碟),距桌边约1.5厘米(或一个食指位),10个骨碟距离相等。筷子架放在骨碟右侧约45度处。筷子位于骨碟右侧5厘米,底边与台边相距1.5厘米,筷子的2/5伸出筷架。茶碟摆在骨碟右侧,距桌边约1.5厘米。茶杯扣放于茶碟之上,杯耳向右。汤碗摆在骨碟的左上方3厘米处。汤匙放在汤碗内,柄把在左。口布可折成杯花放在水杯中,也可折成盘花放在骨碟上。水杯摆在骨碟正前方3厘米处。牙签袋放在筷子右侧,与筷子平行,距筷子1厘米。

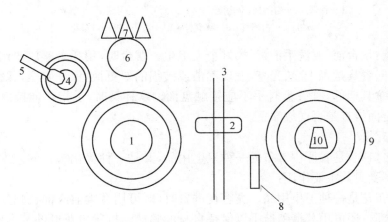

中餐零点摆台示意图
1—骨碟;2—筷架;3—筷子;4—汤碗;5—汤匙;6—水杯;7—口布花;
8—牙签;9—茶杯盘;10—茶杯。

3) 中餐宴会摆台

首先摆餐碟(或称骨碟),距桌边约1.5厘米(或一个食指位),10个骨碟距离相等。勺筷架放在骨碟右侧约45度处,筷子装套后与长柄汤勺一起放于勺筷架,底边与台边相距1.5厘米,筷子的2/5伸出筷架。茶碟摆在骨碟右侧,距桌边约1.5厘米。茶杯扣放于茶碟之上,杯耳向右。白、红酒杯和水杯位于骨碟的上方,红酒杯摆在骨碟正前方,红酒杯底距骨碟3厘米,白酒杯位于红酒杯的右侧,杯底间距为1厘米,水杯位于骨碟左侧,杯底间距1.5厘米,三杯在一条直线上。汤碗摆在骨碟的左上方3厘米处。汤匙放在汤碗内,柄把在左。口布可折成杯花放在水杯中,也可折成盘花放在骨碟上。牙签袋放在筷子与长柄勺的中间,与筷子平行。

其他物品摆放:转盘多用于大圆台上,盘底以压在台布"十字"折边正中为宜。烟灰缸分别摆在正副主人左右45度处,一般10人台摆4个烟灰缸。主人席右方90度处放置盐、胡椒瓶,左方90度处放置酱油壶、醋壶,标志朝向客人。菜单两份,分别平放于主人席和副主人席的右边,公筷、匙每桌两副,放于主人席和副主人席酒具的正前方。台中放花瓶一个。

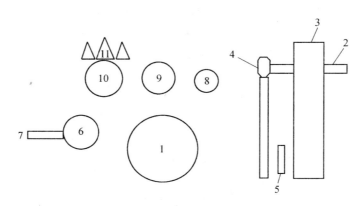

中餐宴会摆台示意图
1—骨碟;2—勺筷架;3—筷子;4—长柄勺;5—牙签;6—汤碗;
7—汤勺;8—白酒杯;9—红酒杯;10—水杯;11—口布花。

注意事项:摆台前,要洗手消毒,搞好个人卫生。摆台时,用托盘盛放要用的餐具,边摆边检查酒杯、餐具是否干净、光亮,发现不洁或破损的要更换,保证安全,保持美观。手拿餐具时,要拿其柄部,拿餐盘时手不应接触盘面。拿杯具时,手指不能接触盛酒部位。摆好台后要全面检查是否摆放端正。

4. 餐巾折花

餐巾又名口布,是餐厅中常备的一种卫生用品,又是一种美化餐台的艺术品,给就餐者带来美的享受。其主要作用:

第一,口布花是一种卫生用品。宾客在进餐时,既可用在胸前或铺在腿膝上,以防汤汁酒水玷污衣服,还可用其揩嘴揩手以保持自身的整洁。折餐巾花形的基本要求:简单,折用方便;选形生动,形象逼真;各具特点,刻意求精;主次分明,变化多样。

第二,突出主题。口布花的不同花形及摆设,可以点化宴题和标志主宾席位。宾客一步入餐厅就可以从不同的花形得知主宾席位。

第三,美化席面。餐巾花不仅是宴会摆台的组成部分,还是一种不可缺少的装饰品,可以起到渲染宴会气氛,培养艺术感染力的作用。若口布花形与美味佳肴相互呼应,协调统一,则会收到美食美器的良好效果。

餐巾折花的手法有叠、折、卷、穿、攥、翻、拉、掰、捏九种。口布花的种类很多,凡能叠成一定的实物形状,具有一定观赏价值,又适用于酒席宴会场合的花形都可采用。现在已有一百多种,常用的也有二三十种。大致上可以分为花草类、蔬菜类、走兽类、昆虫类、鱼虾类和实物造型类。将花插入水杯的称为"杯花",平放在服务盘上的称为"盘花"。通常中餐用杯花,西餐用盘花。常用盘花有五款,分别是扇面送水仙、其他盆景形状、领带折巾、扬帆远航、王公冠冕;常用杯花有双荷花、单荷花、扁豆花、冰玉水仙、鸡冠花、芭蕉叶、比翼双飞、白鹤、大鹏展翅、马蹄开花。一般主位常用盘花有主教帽、雨后春笋、企鹅;杯花有芭蕉叶、白鹤、马碲开花。

口布折花的新趋势为美观大方、造型简单、叠法快捷。

5. 上菜

1) 上菜的位置、顺序和原则

从副主人位右边第一位与第二位之间的空隙处侧身上菜。上菜顺序一般是先上冷菜,再上热菜,最后上汤菜、点心和水果。而粤菜则习惯于先汤后菜。中餐宴会的上菜顺序,原则上是根据宴会的种类和各地传统习惯来决定,但安排是否合理、科学,对宾客的就餐情绪、生理要求乃至对整个宴会效果的影响是很大的。中餐宴会上菜的一般原则如下。

(1) 先上冷菜,后上热菜。

(2) 热菜中,应先上重点菜。

(3) 先上本地、本店名菜和时令季节菜,后上其他品种菜。

(4) 先上酒菜,后上饭菜。

(5) 先上咸味菜,后上甜味菜。

(6) 先上浓味菜,后上淡味菜。

(7) 汤菜及汤汁多的菜肴排列要适宜。

2) 上菜要求

(1) 上菜报菜名,有佐料先上佐料。

(2) 遵循"右上右撤"原则。

(3) 高档菜应先摆在主宾位置上,一般菜肴要面向主人。

(4) 上粒状菜肴加汤匙,上煲锅类菜肴一般加垫碟上席。

(5) 上带壳食品要加毛巾与洗手水。

3) 上菜注意事项

(1) 上菜要核对。服务员一定要事先了解宾客用餐的菜单,上菜时要仔细核对,特别是多桌多档的中餐更要仔细,切不可送错对象。

(2) 认真把关。一种菜肴或点心,要经过多道加工,最后由服务员送至宾客面前,所以,服务员要认真把关,如色、形、卫生、数量是否符合标准,原料是否新鲜,盛器是否合适等,如发现问题,应立即采取措施,切不可马虎从事,不负责任。

(3) 注意菜肴台面摆放格局。摆菜是将上台的菜按一定的格局摆放好,其基本要求是:讲究造型艺术、注意礼貌、尊敬主宾、方便食用。摆菜的位置要适中。零点餐摆菜要摆在小件餐具前面,间距要适当。宴席摆菜,一般从餐桌中间向四周摆放。菜肴的观赏面要对正主位。各种菜肴要对称摆放,讲究造型艺术。可以考虑鸭对鸡、鱼对虾及色彩、形状的对称,尽量避免雷同的菜并列摆放。

(4) 注意速度和节奏。

6. 分菜

分菜是宴会服务中技术性很强的工作,要想熟练地掌握它,就必须对各种菜肴的烹制方法、菜肴成形后的质地特点有很好的了解,才能在实际工作中运用自如。

1）分菜用具

分菜用具包括分菜叉(服务叉)、分菜勺(服务勺)、公用勺、公用筷、长把汤勺。

2）分菜方法

（1）桌上分让式。服务员右手持服务叉、勺站于宾客右侧进行分派,并从主宾位开始顺时针方向进行。带出宾客的骨碟,盛完菜肴后再放回原位,接着下一位。

（2）旁桌式分菜。由服务员将菜端上台,介绍菜式,供宾客观赏后,端回服务台待服务员将菜分到骨碟内,然后用托盘派送,依次从宾客右侧将菜肴送到每位宾客面前。

3）分菜顺序

（1）先主宾后主人,然后按顺时针方向依次分派。

（2）先主宾再副主宾,然后按顺时针方向依次分派,最后分派给主人。

4）注意事项

（1）在分菜时,对每盘的菜肴数量,心中有数并分均匀。

（2）头尾不分宾客,叉勺不要在盘上发出声响,分菜一般不要全部分光,要留出菜的四分之一,以示菜的丰盛和准备给宾客添加。

7. 其他技能

1）引位

（1）引位要根据餐厅实际情况灵活安排。

（2）一般第一批到的客人应先安排坐于临窗或迎入口的地方,让后面的客人感到餐厅的人比较多,很热闹,没有门庭冷落之感。

（3）着装艳丽的女士应安排坐于显眼的地方,让其他客人更易看见她。

（4）情侣可安排在比较安静的地方,便于他们谈心。

（5）带小孩的客人千万不可安排在工作通道附近就座,以免小孩在工作通道上追逐玩耍发生意外。

2）点菜技能

为客人点菜是服务员的一项重要服务工作,它包含着灵活巧妙的语言技巧、推销技巧和丰富的业务知识与技能,是服务员水平的一个反映,并且还直接影响到餐厅的经营收入、利润以及客人对餐厅的评价。那么怎样才能为客人点好菜呢?简要说来,可概括为如下几点。

（1）一般上菜顺序:

凉菜——特色菜——汤——热菜——煲品(扒品)——青菜——鱼——主食。并注意以下几个方面的搭配:冷热菜的搭配,有凉菜、有热菜等;烹调方法的搭配,有炒菜,还有用煮、扒、炖、烧、煲、扣、蒸等方法烹制的菜;颜色的搭配,红、黄、绿、白等颜色的搭配;形状的搭配,片、条、粒、丝、茸等形状的搭配;味道的搭配,咸、甜、酸、辣等味道的搭配;荤素的搭配,有荤菜,有素菜。

（2）按就餐人数确定点菜的分量:

① 1～2人:可点 2～3 道菜,1 个汤,例盘。

② 2～4人:可点 4～5 道菜,1 个汤,例盘。

③ 5~7人：可点6~7道菜,1个汤,中盘。
④ 8~9人：可点7~8道菜,1个汤,中盘。
⑤ 10~12人：可点8~9道菜,1个汤,大盘。

以上是在一般情况下,根据人数而定的菜肴数量,但要注意：尊重宾客的意愿和实际情况定菜量。另外,一些特殊整只的菜肴应根据其分量而有不同的分配定量。按顾客的生活习惯和需要来介绍菜的口味。一般情况下,港澳和广州地区喜清淡,口味以生、脆、鲜、甜为主；京、津及河北、河南地区以味道浓郁稍咸为主；四川、湖南、湖北、贵州地区喜带酸辣味的菜肴,口味偏重；江浙、上海等地区喜偏甜、偏清淡的菜肴。

三、中餐服务礼仪

中餐宴会是中餐服务礼仪最为集中的体现,所以我们就以中餐宴会为例来列举客人进餐活动中应当注意的服务礼仪规范。

1. 宴会准备礼仪

1）接到宴会通知要做到"八知三了解"

八知：知台数、人数、宴会标准、开餐时间、菜式品种及出菜的顺序、主办的单位或房号、收费方法、邀请对象。三了解：了解风俗习惯、生活忌讳、特殊需求。

2）布置餐厅

对餐厅的家具、设备仔细检查一遍,桌椅是否齐全、牢固。并根据餐厅的形状、面积,宴会的餐别和人数调整好餐厅布局。做好环境布置和台形设计工作,要做到主桌突出、布局合理、整齐美观。

3）熟悉菜单

要了解宴会菜单,对于名菜的制作特点、风味、历史典故等知识也要有所了解,以便在进餐中主动介绍菜点和及时回答客人提问。

4）备好餐用具

要按照菜单准备好各种餐用具。

5）摆台

按规定铺好台布并摆台,餐巾花放在水杯里或盘内。

6）预定酒水

按与宴人数、季节预算酒水饮料、烟（火柴）、茶、水果等,并向库房预定。

7）领取酒水

在宴会开始前30分钟（大型宴会可根据具体情况提前）领取酒水、烟、火柴、茶叶等,将酒水包装擦洗干净,摆放整齐。烟、火柴摆在烟灰缸一侧。

8）准备小毛巾

将洗净消毒的小毛巾加上香水在水中浸湿后拧干叠好,放入保温箱内备用。

9）摆放冷菜

宴会开始前15分钟~20分钟,将冷菜取到餐厅。摆放时要轻拿轻放,保持冷菜的拼摆造型。先将主要冷菜摆在桌子转台中心,摆放花式拼盘时正面朝向主人。主要冷菜摆好后,再将其他冷菜摆放在主要冷菜周围,刀口一律朝向主要冷菜,盘与盘距离相等,注意酒菜荤素、颜色、口味的搭配。如使用转台,所有冷菜一律摆在转台上。

10）斟酒

宴会开始前10分钟,将烈性酒和葡萄酒斟好,斟酒时应做到不滴不洒,以八分满为宜。

11）准备茶具

在客人未到前,准备好茶壶、茶碗、茶碟、茶叶、开水。

12）整理着装

宴会前对餐前准备工作进行一次全面检查,然后服务人员应再次整理着装,做到制服整齐,仪容大方。

2. 餐中服务礼仪

1）热情迎客

客人到达宴会厅时,宴会服务员应站在门口迎接,礼貌问候客人。宴会厅一般设有衣架,服务员应帮助客人挂好衣物。大型宴会备有衣帽间,客人将衣帽和携带物品存好后,发给其衣帽牌,退席时,凭衣帽牌领取衣物。

2）递巾上茶

挂好衣物后,服务员应引领客人先进入休息室休息片刻,并按先客后主、先女后男的顺序为客人递小香巾并斟倒茶水。

3）斟倒酒水

宴会开始后,服务员应用托盘托起本次宴会所用的各种饮料,自主宾右侧开始,礼貌地请客人选择,根据客人各自的喜好按顺时针方向斟酒、倒水。

4）上热菜

在冷菜吃到适当的时候,开始按菜单顺序上热菜。宴会上菜顺序一般是冷菜、热菜、点心、米饭、汤、水果等。有时为了照顾外国宾客的习惯,把汤放在冷菜之后上。中餐宴会每吃一道菜应换一道盘,换盘时服务员应先将干净的骨盘从客人左侧上到桌上,再从客人右侧将用过的盘撤走,撤换时操作要轻、稳、迅速,要防止餐具掉到客人身上或将汤洒在客人身上。

5）上点心

中餐宴会一般有四种点心,分两次上,每次两种。第一次是两样咸点心,在吃第一道热菜时上,第二道是两道甜点心,在吃最后一道菜之前上。

6）上主食

在最后一道素热菜上桌前,将米饭或面条等用小碗盛好,放在托盘内,从客人左侧上。

7）上甜菜

甜菜是多种多样的,有些甜菜是每桌一盘,摆在桌子中央,由个人自取;有些甜菜是每人一碗,由服务员分上。

3. 餐饮结束礼仪

（1）客人用餐结束离开餐厅时,看台员要主动上前拉椅、致谢、道别,餐厅经理或引座员应在门口向客人道谢,欢迎客人再次光临。

（2）客人离开餐厅后,各值台区域的服务员进行收台清扫工作。

（3）撤掉用过的餐具,按照规定的要求重新布置台面,摆好桌椅,清扫地面。

（4）分类清洗,消毒各种餐具用品,将用过的布件送到洗衣房清洗。

（5）补充各种消耗用品,将餐具柜收拾整齐。

(6) 引座员整理客人意见,填写餐厅记录簿并向经理报告。
(7) 收款员及时结算本餐收入,按正规渠道交账款。

4. 注意事项

(1) 根据宴会通知单备好鲜花、酒水、香烟、水果。
(2) 准备工作做完后站在厅房门口迎接客人的到来。
(3) 客人进入厅房,如客人脱外套,要主动替客人挂好帽子、提包。
(4) 撤换餐具要视全体吃完后方可收,如客人放筷子,而菜未吃完,则先向客人示意后再撤。
(5) 主动进行分菜及酒水斟添服务。
(6) 宾主讲话要注意停止操作,站立两旁,姿势端正,保持安静。
(7) 如遇客人突感不舒服,应立即请示领导并把食物保留以便化验。
(8) 客人离座后,迅速检查是否有遗留物品,烟火是否都已熄灭。
(9) 注意用餐毛巾要夏冷冬热。
(10) 宴会结束后要做好工作记录。

第三节　西餐礼仪

一、西餐摆台

（一）西餐早餐摆台

西餐早餐一般是在咖啡厅内提供。有美式早餐、欧陆式早餐及零点早餐,摆台方面略有差异。摆台时,首先在桌子上铺一块台垫(一块毛毡或泡沫),台垫下垂10厘米,台垫的作用是避免餐具和台面碰撞。台垫也可以固定在桌上,台垫的角可以系住或钉牢。在铺好台垫后再把清洁的台布放在台垫上。台布的中线折缝应落在桌子的中线上,使四周下垂部分的长度一致。在铺台布前,一定要认真检查,决不能把有破损和污点的台布铺上去。台布铺好后开始摆放餐具,餐具可以从宾客的左手边开始,摆面包盘,盘上摆黄油刀,盘边与桌边距离为1厘米,叉柄端与桌边的距离也是1厘米。服务盘摆在餐叉的右边,餐巾折好摆在服务盘上,服务盘的右侧摆餐刀,刀口朝向服务盘,餐刀的前方摆水杯,餐刀的右侧摆咖啡碟,咖啡碟上摆咖啡和咖啡勺。咖啡壶、糖缸摆在咖啡杯的上方。盐瓶、胡椒瓶及烟灰缸放在餐台靠中心的位置上。

（二）西餐午、晚餐摆台

午、晚餐一般使用小方台、小圆台或长方台。摆放餐具的方法:服务盘放在正中,对准椅中线(圆桌则按顺时针方向按人数等距离定位摆盘),餐巾叠放在服务盘内,餐叉放在服务盘左边,叉尖朝上,餐刀和汤匙放在服务盘的右边,匙口朝上,甜点餐具横放在服务盘的上方。面包盘放在餐叉的左边,黄油刀竖放在面包盘上,且刀口向内,水杯放在餐刀尖的上方,酒杯靠水杯右侧,烟灰缸放在服务盘的正上方,胡椒瓶、盐瓶放在烟灰缸的上方。午、晚餐有一餐为正餐,由于世界各国情况不同西餐正餐摆台方法也有差别,分国际式正餐摆台和法式正餐摆台。以8人标准为一台的宴会(长方形台)台面尺寸长240厘米,宽

120厘米,按照西餐正餐程序摆台倒水及斟酒顺序为水、葡萄酒。量的控制为水斟4/5,白葡萄酒为2/3,红葡萄酒为3/4。西餐宴会程序摆台略为复杂。

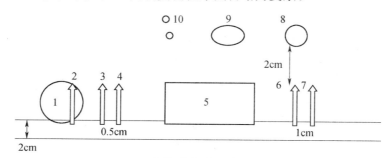

西餐正餐摆台示意图
1—面包盘;2—黄油刀;3—沙拉叉;4—主餐叉;5—口布;6—主餐刀;7—清汤匙;
8—水杯;9—烟灰缸;10—盐、胡椒盅。

二、西餐着装要求

餐饮服务中仪表是极其重要的,仪表取决于人的气质和修养。其中着装是十分重要的一环,尤其是西餐服务,着装要求更为严格。服装分为便服、礼服和工作服。便服是指T恤衫、夹克衫、运动衫等日常服装;礼服是指晨礼服、大礼服、小礼服等;工作服是指在工作岗位穿着的服装。这里我们主要谈谈西方的礼服。

(一)晨礼服(Morning coat cutaway)

上装为灰、黑色,后摆为圆尾形,下衣为深灰色底、黑条子裤,系灰领带,穿黑皮鞋,戴黑礼帽等。这种礼服在白天参加典礼,星期日教堂礼拜,以及婚礼等场合穿用。女士的晨礼服为质料、颜色相同的上衣与裙子,可戴帽子和手套。

(二)小礼服

小礼服,也称晚餐礼服或者便礼服(Tuxedo, Smoking dinner jacket or Black Tie),为全白色或全黑色西装上衣,衣领镶有缎面,腰间仅一纽扣,下衣为配有缎带或丝腰带的黑裤,系黑领结,穿黑皮鞋。穿着这种礼服一般为参加晚上六点以后举行的晚宴、音乐会、剧院演出等活动。女士小礼服为长至脚背而不拖地的露背单色连衣裙式服装。

(三) 大礼服

大礼服,或称燕尾服(Full evening dress or Tail coat),为黑色或深蓝色上装,前摆齐腰剪平,后摆剪成燕尾样子,翻领上镶有缎面。下衣为黑或蓝色,配有缎带,裤腿外面有黑丝带的长裤,系白色领结。配黑皮鞋、黑丝袜、白色手套。女士的大礼服为一种袒胸露背的单色拖地或不拖地的连衣裙式服装,并配有颜色相同的帽子,长纱手套及各种头饰、耳环、项链等首饰。

西餐服务人员一般为深色质料好的整套西装,女士为不拖地的连衣裙。但如果举行大型的、隆重西餐宴会时,服务人员也会穿小礼服,有时甚至于穿大礼服。

(四) 西餐着装礼仪

1. 佩带身份牌的礼仪

身份牌要按统一规定印制,并佩带在规定的部位上,不能擅自调换,不挂在或别在腰间,正确的方法是戴在左胸前。

2. 佩带饰物礼仪

服务人员除手表外一般不要佩戴过多的饰物,尤其是不能配带比客人饰物还要贵重的饰物,如耳环、戒指、手镯、项链等,以维护客人的自尊心。此外,作为职业女性,上班时首饰戴得越少越好,即便要戴首饰,也要和身份、工作场合、个人特点相适应。

3. 衣领、领带礼仪

衣领处于衣服的最上端,是人视线比较集中的地方,对服装的外形影响比较大,对于男性来说,可以说是服饰美的关键。空乘人员与酒店等服务性工作人员的衬衫一般以白色为宜,白色衬衣是公认的男女适宜的职业衬衫,要求衬衫整洁、熨烫笔挺。

领带是服饰的灵魂,在男人服饰中起着极其重要的地位,对西服起着画龙点睛的作用。现代旅游业与航空业对不同层次的服务与管理人员领带颜色和规格均有具体要求和规定,一般来讲,最好选用与制服颜色相称,光泽柔和和典雅朴素的领带为宜。

4. 化妆礼仪

空乘人员和旅游服务人员对于仪容的要求较高,要求员工上班期间必须适当加以化妆,这样可以显得精神饱满,使客人感觉有活力、有礼貌,除了显示对客人的尊重之外,也是对自己工作岗位的尊重。空乘人员与旅游服务人员的妆容要求清新淡雅。一般的化妆程序:清洁面部——打粉底——描眼睛——画眉毛——抹腮红——涂口红

一个高明的旅游与空乘人员,化妆后既要现出漂亮的仪表,又要几乎不露人工痕迹,美丽淡雅。仪容仪表事关个人与组织形象,在一定程度上表现出员工的精神面貌和美学修养,反映出该组织的管理水平与服务质量。因此,仪容仪表是航空旅游业礼仪的一项重要培训内容。

三、西餐服务礼仪

(一) 西餐早餐服务礼仪

迎宾领位服务同中餐迎宾领位服务。客人入座后,可采取三种方式进行服务:

一是开单点餐。一般以蛋类、面包、牛奶、咖啡等为主。另外,在用餐前问清蛋类是煎

蛋、煮蛋还是炒蛋及时间要求,同时为客人上饮料或红茶。

二是随要随上。开餐前只摆一般餐盘、水杯或刀叉,所用餐具根据客人点早餐的品种随上随摆,使餐具与菜点相匹配。

三是常客用餐。根据客人的要求及习惯上早餐,如奶、果汁、面包、蛋类、芝士、黄油、果酱、咖啡或红茶等。同时每上一种早点即摆一种或一套餐具。

早餐结账采取用餐完毕即结账的方式,程序同中餐结账。

(二)西餐正餐服务礼仪

西餐正餐服务有法式、俄式、英式、美式四种。

法式西餐正餐服务的特点是典雅、庄重、周到、细致:

① 每一桌配一名服务员和一名服务助手,配合为客人服务;

② 客人点菜后,菜食的制作在客人面前完成,半成品请客人过目,然后在带有热炉的小推车上完成制作,装盘后请客人品尝;

③ 每上一道菜都撤掉餐具;

④ 菜点与酒类相匹配;

⑤ 每上一道菜都必须清理台面。

俄式西餐正餐服务的特点是菜食的量大、油性大。服务操作不如法式细致,上餐次序为面包——黄油——冷盘——汤类——鱼类——旁碟——主菜——点心——水果——咖啡或者红茶。所有菜都是在厨房预先做好。另外,客人点菜后都由服务员派菜,派菜前用口布垫着,托住盘底,从客人左侧分派,用毕餐后,让客人把刀叉放到盘子里后再撤盘。酒水、饮料服务与法式相同,比较高雅细致。

英式西餐正餐服务的特点是上菜程序与法式、俄式相同,其操作实务与法式、俄式又有所区别:

① 英式西餐不用餐盘,铺台时不摆餐盘,除汤盘和冷盘外,其余都是事先摆到桌面上的;

② 客人所点的菜食,都是直接将菜盘放到客人面前,供客人享用;

③ 服务过程中一般不派菜。

美式西餐服务的特点是比较自由、快速、简单、大众化。客人入座后先将水杯翻过来,斟一杯冰水,上菜一律用左手从客人左侧上,撤盘时则用右手从客人右侧撤走。主菜上完后上甜菜,要先撤盘,整理台面,然后再上其他餐具。服务操作动作快,客人用餐也比较自由。

(三)西餐宴会服务礼仪

1. 餐前准备

1)接受通知单布置餐厅

按照西餐宴会摆台的要求摆放台。西餐宴会通常使用长台,台形一般摆成一字形、马蹄形、U形、T形、E形、正方形、鱼骨形、星形、梳子形等。宴会采用何种台形,要根据参加宴会的人数、餐厅的形状以及主办单位的要求来决定,餐台由长台拼合而成,椅子之间的距离不得少于20厘米,餐台两边的椅子应该对称摆放。

2)宴会的座次

安排上与中餐有着明显的区别,通常以夫人为第一主人,先生为副主人。一字形长台席位安排,有两种:① 是主人和副主人坐在长餐台的横向中间,即主人坐在横向中间,主宾坐在主人的右侧,第三主宾坐在主人的左侧,副主人坐在主人的对面,副主宾坐在副主人的右侧,第四主宾坐在副主人的左侧;② 坐法是主人和副主人坐在长台纵向的两端,主人坐在长台的上方,主宾坐在主人的右侧,第三主宾坐在主人的左侧,副主人坐在长台的下方,副主宾坐在副主人的右侧,第四主宾坐在副主人的左侧。T 字形餐台席位安排总体上与圆桌相同,主人一般都安排在横向餐台的中间位置,主要宾客则安排在主人的两侧。U 形餐台中间处往往不安排座位。主方客方座位交叉。

3) 西餐宴会台面布置

西餐宴会大多采用长台,有以下几种形式:

(1) 一字花式,台子的两端不设座位,具体摆法是用青草在台子的中间摆一长龙,在距台子两端约 40 厘米处叉开,各向长台的两角延伸 15 厘米即可,然后在青草上插些鲜花、花瓣均可,花的品种与色泽要均匀;

(2) 花环式,在宾客的水杯前面,用青草围一圈,然后再插花;

(3) 花坛接花环式,在台的中间先摆一小花坛,两边用花环连接,如餐台较长,除中间设一花坛外,可两侧对称设两个小花坛;

(4) 台面插花式,餐台不摆台布,只在餐具的下面垫餐巾纸,桌面摆放插花,插花常以磁盆内放一个带钉的锡垫(称剑山)把花基插在铁钉上,花随铁钉挺拔、直立,以花为主,衬托小叶,显得自然飘逸。

4) 开餐准备

(1) 在宾客到达餐厅前 10 分钟,把开胃品摆放在餐桌上,一般是每人一盘,在少数情况下也有把开胃品集中摆在餐桌上,由宾客自取,或由服务员帮助分派。在摆开胃品时应考虑其荤素菜、特色、品味的搭配,盘与盘之间要留出一定距离。

(2) 为宾客杯中斟好冰冻的水或矿泉水,将已准备好的酒水饮料该冷冻的放入冰箱,保证各种饮料达标使用。

(3) 开餐前应对各项准备工作进行一次全面检查,服务员应检查各自的仪表仪容,操作的服务员应戴白手套。

2. 餐中服务

1) 迎宾接待

有礼貌地热情接待来宾,同时引领宾客到休息室休息,并为宾客送上餐前饮料及餐前酒品。若宾客为座饮,要先在宾客的面前送上杯垫,然后放上饮料;若宾客为立饮,要先给宾客送上餐巾纸,再送饮料。宾客到齐后,主人表示可以入席时,服务员要立即打开通往餐厅的门,引领宾客入席。

2) 席面服务

席面服务的具体内容如下:

为宾客拉椅让座,顺序为女士、重要的宾客、行动不便的宾客和一般宾客。待宾客坐下后,为宾客打开餐巾,然后托着装有各种饮料的托盘,逐一为宾客说明名称,待宾客选定后,为宾客斟饮料。当宾客准备用开胃冷菜时,服务员应配好相应的酒水(如冷菜开胃品一般与烈性酒相配),当宾客基本用完开胃品时就可撤盘(看到全体宾客都放下刀叉再开始撤),从主宾的位置开始撤,在宾客的右手方向用右手连同刀叉一并撤下。

127

上汤时,汤盘应加垫盘,然后应从宾客的左手方向用左手把汤上到宾客面前。上汤的顺序是先女士后男宾再主人(上菜斟酒顺序亦然)。

上鱼虾海鲜菜肴前,要先撤下汤盘和汤匙,为宾客斟好白葡萄酒,然后上菜。

上主菜(又称"大菜")时,一般配有几样蔬菜和寿司,此外还有色拉,盛主菜应用大号餐盘,盛色拉应用头菜盘(也可以用小吃盘)。主菜上桌之前,先为宾客斟倒好红葡萄酒。主菜上桌时,要紧跟寿司。

上点心:吃点心用的餐具要根据点心的品种而定。热点心一般用点心匙和中叉;烩水果用水果叉;冰淇淋应将专用的冰淇淋匙放在垫盘内同时端上去。吃点心时,若主人讲话,此时应上香槟酒,斟香槟酒一定要在上点心或宾客讲话之前全部斟好,以方便宾客举杯祝酒。

上干酪:干酪也叫"芝士",一般由服务员分派,先用一只银盘垫上餐巾,摆上几种干酪,再撤掉餐台上的餐具、酒具,水杯和饮料不动。

上水果:先上水果盘和洗手碗,然后将已装盘的水果端至宾客面前,请宾客自己选用。

上香巾:宾客吃完水果后上香巾。按宾客人数将香巾放在小垫碟中,每人一碟放在宾客左侧。

宴会席面服务基本结束,当主人请宾客到休息室休息时,服务员应立即上前为客人拉椅,再去拉开休息室的门请宾客到休息室就座。

3. 宴会休息室服务及餐食结束礼仪

(1)用餐毕,服务员热情引导宾客到休息室休息,就座后,服务员开始上咖啡。上咖啡的程序:一位服务员将咖啡倒好,垫上垫碟,放好咖啡匙,将咖啡放在托盘内托送,另一服务员跟送糖、奶。

(2)上咖啡后,服务员接着托上各种餐后酒品(如白兰地、蜜酒)以及巧克力、糖和雪茄烟。注意:雪茄烟女宾不用。

(3)服务员稍等片刻为宾客续斟一次咖啡和酒品,最后撤掉咖啡具,再上一次饮料,表示宴会至此结束,宾客可自由退席。宾客离开餐厅时,服务员应站在出口的一侧,热情欢送宾客,并表示欢迎宾客下次光临。

(4)宾客离开后,服务员应及时检查台面及地毯有无宾客遗留的物品、有无燃着的烟头等。最后收拾餐厅和休息室,关好窗,关掉所有电灯。

第四节 酒吧礼仪

一、酒吧概述

酒吧一词来自英文 BAR,原意是在用木板做的长条柜台上出售酒品饮料。酒吧是专门为宾客提供酒水和饮用服务的场所。根据不同形式和作用及其在饭店里的具体位置,旅游饭店的酒吧服务设施通常有立式酒吧、服务酒吧、鸡尾酒廊和宴会酒吧。

(一)立式酒吧

立式酒吧是最为常见的吧台酒吧,是最典型、最有代表性的酒吧设施。"立式"并非指宾客必须站立饮酒,也不是因服务员或调酒员皆站立服务而得名,它实际上只是一种传统

的习惯称呼而已。在这种酒吧里,宾客或是坐在高凳上靠着吧台,或在酒吧间的桌椅、沙发上享受饮料服务,而调酒员则是站在吧台里边,面对宾客进行操作。在一般情况下,立式酒吧服务员多单独地工作,因此,他不仅要负责酒类和饮料的调制、服务及收款等工作,而且还必须掌握整个酒吧的营业情况。

(二)服务酒吧

服务酒吧常见于酒吧餐厅及较大型餐馆的厨房中,我国诸多饭店餐厅中的酒柜实际上也是服务酒吧,宾客不直接在吧台上享用饮料,虽然他们有时从那里购买饮料,但通常是通过餐厅服务员开票并提供饮料服务。服务酒吧的服务员必须与餐厅服务员合作,按照餐厅服务员所持的酒单配制、提供各种酒类饮料。在营业高峰,餐厅服务员有义务帮助酒吧服务员对各种饮料进行最后点缀加工,如给鸡尾酒加上樱桃、柠檬或菠萝等。在大多数饭店中,服务酒吧的服务员不负责酒类饮料的收款工作,这项工作通常都由餐厅收款员进行。

(三)鸡尾酒廊

较大型的饭店中都有鸡尾酒廊这一设施。鸡尾酒廊通常设于饭店门厅附近,或是门厅的延伸或利用门厅周围空间,一般设有墙壁将其与门厅隔断。鸡尾酒廊比立式酒吧宽敞,常有钢琴、竖琴或者小型乐队为宾客演奏,有的还有小舞池,以供宾客随兴起舞。鸡尾酒廊还设有高级的桌椅、沙发,环境较立式酒吧优雅舒适,气氛较立式酒吧安静,节奏也较缓慢,宾客一般在此逗留时间较长。鸡尾酒廊的营业过程与服务酒吧大致相同,即由酒廊服务员为宾客开票送酒,如果酒廊规模不大,由服务员自行负责收款。但在较大的鸡尾酒廊中,设有专门收拾酒杯、桌椅并负责原料补充的服务人员。

(四)宴会酒吧

宴会酒吧是饭店、餐馆为宴会业务专门设立的酒吧设施,其吧台可以是活动结构,即能够随时拆卸移动,也可以是永久地固定安装在宴会场所。宴会酒吧有多种形式,较常见的有以下几种。

1. 现金酒吧

如果采取现金酒吧的服务形式,参加宴会的客人所用酒水,须随取随付钱,宴会东道主不负责客人在酒吧取用酒水饮料的费用。现金酒吧多适用于大型宴会。

2. 赞助者酒吧

赞助者酒吧服务形式适用于私人或公司举行的招待会,客人取用饮料酒水无需付钱,有时凭券取饮料,所有费用已由赞助者付讫,与赞助者酒吧相似的形式有"请饮酒吧"、"现金付讫酒吧"。

3. 一次结账酒吧

使用一次结账酒吧形式,客人在宴会或招待会上可随意取用饮料酒水,所有费用在宴会或招待会结束时由东道主向饭店结算。宴会酒吧的业务特点是营业时间较短,宾客集中,营业量大,服务速度快。有的饭店要求宴会酒吧服务员每小时能服务100名宾客。因而宴会酒吧的服务员必须头脑清醒,工作有条不紊,具有应付大批宾客的能力。由于宴会酒吧具有上述特点,这就要求服务员事前做好充分的准备工作,各种酒类、原料、配料、酒杯、冰块工具等必须有充足的储备,不至于营业中途缺东少西而影响服务。

二、酒吧服务礼仪

(一)准备工作的礼仪规范

酒吧服务员上班或接班时,在正式开吧之前,有一系列的准备工作要完成。

1. 个人卫生及仪表仪容(略)

2. 酒吧卫生及设备检查

服务员进入酒吧,首先要检查酒吧间的照明、空调系统工作是否正常,室内温度是否符合标准,空气中有无不良气味;将地面、墙壁、窗子、桌椅打扫拭抹干净,接着应对前吧、后吧进行检查。吧台应当擦亮,所有镜子、玻璃应光洁无尘;每天早晨应用湿毛巾拭擦一遍酒瓶、酒杯及各种工具,检查用品是否齐全到位,冷藏设备工作是否正常,如使用饮料配出器,则应检查其压力是否符合标准或做适当校正;水池内应注满清水,洗涤槽中准备好洗涮消毒液,储冰槽中加足新鲜冰块。

3. 原料准备

检查各种酒类饮料是否都达到了标准库存量,如有不足,应立即开出领料单去饭店仓库或酒类储藏室领取;检查并补足操作台的原料用酒、冷藏柜中的啤酒和葡萄酒、储藏柜中的各种不需冷藏的酒类以及酒吧纸巾、毛巾等原料物品;接着便应当准备各种饮料、配料和物品,如打开樱桃和橄榄罐头,切开柑橘、柠檬和青柠,摘好薄荷叶子,削好柠檬皮,准备好各种果汁、调料等;如果允许和必要,有些鸡尾酒,如马丁尼、曼哈顿和酸味威士忌等可以进行预先调制。

4. 收款准备

在开吧之前,酒吧出纳员须准备足够的零钞备用金,认真点数并换成合适面值的零票。如果使用收银机,那么每个班次必须清点收银机中的钱款,核对收银机记录纸卷上的金额,做到交接清楚,有的饭店为了防止作弊,往往规定每张发票的价值,如果发现丢失发票,服务员须照价赔钱。因此,应检查发票流水号是否连贯无误。

(二) 饮料调制

酒吧服务员在完成上述准备工作后,便可以正式开吧迎客。酒吧服务员应该谙熟相当数量的鸡尾酒和其他混合饮料的配制方法,这样才能做到胸有成竹,得心应手。调制饮料的基本原则:严格遵照酒谱要求,做到用料正确,用料精确,点缀装饰合理优美。

按照调制方法,混合饮料可分成三大类。

1. 直接在酒杯中调制的饮料

这类饮料通常使用高飞球杯、古典式杯、汤姆·柯林斯杯,皆为无柄的直身杯,而它们往往就是饮料本身的名称。调制这类饮料,酒杯必须洁净无垢,先放入冰块。服务员必须养成良好的习惯,任何时候都不用酒杯直接取冰,冰块的用量不可超过酒杯容量的 2/3;然后用量杯量取所需的基酒,倒入酒杯,接着注入适量配料;最后用搅棒轻轻搅拌,再按配方要求加以装饰点缀,便可端送给宾客。

2. 调酒壶中调制的饮料

在原料充分混合,摇动过程中,饮料与冰块充分接触使饮料温度降低,摇动过程中冰块溶解从而增加饮料成品的分量。这类饮料的调制过程如下:先将冰块放入调酒壶,接着加入基酒,再加入各种配料,必须注意,有汽饮料如各种汽水不宜作此类混合饮料的配料;

然后盖紧调酒壶,双手执壶用力摇动片刻;摇匀后,打开调酒壶用滤冰器滤去残冰,将饮料倒入鸡尾酒杯中,加以装饰点缀,即为成品。

如有宾客要求这类饮料加冰饮用,则应事先准备冰块杯如古典式杯,并加入新鲜冰块。

3. 调酒杯中调制的饮料

这类饮料调制过程与上述第二类完全相同,但由于这类饮料中通常有酿造酒等作为基酒或配料,因而不适宜作大力摇动振荡,只能使用调酒杯并用搅棒搅拌而成。大力摇动会破坏酿造酒,致使饮料走味、变质。搅拌过程与摇动过程一样,会使冰块融化增加饮料分量。冰块在搅动过程中,每10秒钟大致会产生1/2至3/4英两的水,这类饮料调制时应使用碎冰或冰渣,而不宜使用冰块。有的饮料如薄荷冰饮、味美思冰饮,都应用刨冰搅拌调制,随后滤入酒杯。

以上是混合饮料的三种不同调制方法。每一种饮料都应用各自特定的酒杯盛放,另外,不论是使用调酒壶或是调酒杯,每用一次,都应认真洗刷干净,特别是当使用鸡蛋、牛奶、奶油作为饮料配料时,如不洗干净,会使其他饮料混入异味。酒吧使用的各种基酒,应当有两类:一类是"吧台基酒",即由饭店选定的作为某一饮料使用的酒;另一类是供点基酒,即那些供宾客根据各自爱好点要的基酒。吧台基酒一般是比较普通的酒,而供点基酒则多为名牌酒,例如酒吧可选定一种普通琴酒作为调制鸡尾酒马丁尼的吧台基酒,在一般情况下,马提尼都用这种普通琴酒调制。但酒吧又应同时备有如"伦敦干琴酒"、"老波士顿先生琴酒"之类的酒供宾客点要。作为马提尼的基酒,供、点基酒两者在价格上有一定差别。

(三)操作的注意要点

在调制饮料时,要注意以下操作要点。

1. 酒杯降温

所有的酒杯须储藏在冷藏柜中降温,或在调制前先把碎冰放进杯子或把杯子埋入碎冰中。

2. 酒杯加霜和杯口加霜

加霜有两种形式,即酒杯加霜和杯口加霜:前者指把酒杯较长时间地置于冷藏柜中或埋于碎冰内,取出时,由于冷凝作用,杯身上会出现一层霜雾,给人以极冷的感觉,适用于某些鸡尾酒;杯口加霜指杯中蘸糖粉或盐粉,先用柠檬片擦预先已作降温处理的酒杯的杯口,使之湿润,随后将杯口均匀地蘸上糖粉或盐粉。某些鸡尾酒要求在酒杯杯口加霜。

3. 冰的作用

不论采用何种方法调制饮料,都应先将新鲜、洁净、无异味的冰块、碎冰或刨冰放入酒杯或调酒器,随后再加入基酒。用直身酒杯如高飞球、古典式等酒杯盛放的鸡尾酒,一般多用大冰块;调酒壶及调酒杯可分别用冰块和碎冰;麦管吸饮的饮料一般多用刨冰。

4. 糖的作用

调制时如需用糖,则应将糖先于基酒放入杯内(除非酒谱另有注明),一般都使用糖粉。有些酒吧习惯用糖水代替糖粉,糖水可事先调好冷藏,比例是一磅砂糖调制一品脱糖水。

5. 搅拌

饮料若采用无色透明的基酒以及有汽饮料加糖水、干姜水、汽水或可乐作配料时都应搅拌调制,搅拌动作应当轻,搅拌时间应恰到好处。搅拌时间太短,各种原料混合不匀,饮料不冷;但如果搅拌太久,则冰块过多溶解会冲淡饮料。

6. 摇酒

饮料若采用普通混合的果汁、奶油或鸡蛋等作配料时,通常得用调酒壶配制,摇酒动作宜快捷、连贯,以使原料充分混合并降温,但应避免因摇得太久致使冰块过多溶解,饮料变得过分稀薄。一般情况下,当调酒壶外壳出现霜雾时即可停止。如遇难以摇匀的配料,则应使用电动调酒器调制。

7. 倒酒

如果用调酒壶一次调制 2 份以上的饮料,在倒酒前应先把酒杯并排成一列,随后从头到尾往返倒入酒杯,使各个酒杯中先倒入 1/4 杯,然后至 1/2 杯,直至倒完,而不能先倒满一杯,再倒第二杯。只有这样,才能保证每杯饮料具有相同的酒度和味道。

8. 多色饮料的配制

多色饮料,如多种普通咖啡的制作是利用多种酒(通常是香甜酒)的不同比重特点,使一种酒漂浮于另一种酒的上面。因此,首先必须严格遵照酒谱中原料倒入次序,不可颠倒错乱。配制时,应先将种种酒用量杯量好,依次排好,然后将长匙柄插入酒杯,再把各种酒依次沿着匙柄缓缓倒入,也可用玻璃搅棒代替长匙,将酒沿棒徐徐倒入,这样,各种酒不会混合,而成为一杯层次分明、色彩艳丽的多色饮料。

9. 水果与果汁

酒吧应尽量使用新鲜水果,如橙子、柠檬、菠萝、香蕉等,樱桃和橄榄通常有鸡尾酒专用的罐头制品。橙片应选用无斑痕鲜橙,按纵长方向切成 0.6 厘米左右宽的橙片,丢弃边皮;柠檬切片也应是 0.6 厘米左右厚,先将柠檬纵向切成两半,随后横向切成小片,丢弃头尾两端小片;青柠应切成楔形,而不是薄片,每个青柠一般可切 8 片,即先将青柠纵向切成两半,随后切口朝下,切成楔形片子;柠檬片的切法是从柠檬顶端入刀,取 2 厘米左右宽,盘旋着一直切到底部;番茄汁、菠萝汁、葡萄汁、柠檬汁、橙汁等是酒吧常用果汁,通常都有罐头成品,但橙汁和柠檬汁应尽量用新鲜水果当场榨取。

（四）服务过程中的礼仪规范

酒吧服务员在整个服务过程中应做到以下几点。

（1）配料、调酒、倒酒应在宾客看到的情况下进行，目的是使宾客监督和欣赏服务技巧，同时也可使宾客放心；服务员所使用的饮料原料用量正确无误，操作符合卫生要求。

（2）把调好的饮料端送给宾客以后，应立即退离吧台或离开，千万不要让宾客发觉你在听他们对话，除非宾客直接与你交谈，否则不可随便插话。

（3）认真对待、礼貌处理宾客对饮料服务的意见或投诉。酒吧服务与其他任何服务一样，宾客永远是正确的，如果宾客对某饮料不满意，应立即设法补救或重调。

（4）任何时候都不准对宾客有不耐烦的语言、表情或动作，不要催促宾客点酒、饮酒，不能让宾客感到你在取笑他喝得太多或太少，如果宾客已经喝醉，应用文明礼貌的方式拒绝供应饮料。

（5）如果在上班时必须接电话，谈话应当轻声、简短。当有电话寻找宾客，即使宾客在场也不可告诉对方宾客在此（特殊情况例外），而应该回答请等一下，然后让宾客自己决定是否接听电话。

（6）为控制饮料成本，应用量杯量取所需基酒，也可以取一小杯，在杯身上刻上 1 份至 4 份饮料所需基本酒量的记号，这比使用量杯更加方便。

（7）以前，酒杯洗涤后常用两块毛巾擦拭两遍，第一遍是擦干，第二遍是擦亮。但事实上这种方法并不卫生，因此，酒杯应在三格洗涤槽内洗刷消毒，然后倒置在橡胶架上让其自然干燥，避免手和毛巾接触酒杯内壁。

（8）除了掌握饮料的标准配方和调制方法外，还应时时注意宾客的习惯和爱好，如有特殊要求，应照宾客的意见调制。

（9）酒吧一般都免费供应一些咸味佐酒小点，如炸面条、咸饼干、花生米等，目的无非是刺激酒瘾，增加饮料消费。服务员应随时注意佐酒小点的消耗情况，以作及时补充。

案例举要

案例： 一天，北京某五星级酒店总经理办公室文员张小姐接到一个电话，电话里是一个口气霸道的中年妇女的声音:"给我找你们酒店总经理,我有事找他!"小张赶紧说:"对不起!我们总经理正在开会,请问有什么可以为您效劳的吗?"对方在电话里说,她是一家大型民营企业的办公室主任,这个月要在本市召开一次大型的商品推介会,届时将会有世界各地的商品经销商和厂家代表到会。为了体现该公司的接待热情和实力,特意打电话到本市各大酒店咨询接待条件和接待水平。小张边听边作了简短的记录。她首先感谢该女士对酒店的信任,并把酒店的硬件设施和接待能力做了详细的介绍,并且答应总经理回来后尽快给予答复。刚才在电话里口气霸道的女士态度越来越缓和,最后对小张说:"作为一个普通的文员服务态度都这么好,可以相信该酒店的服务水平和管理能力"。并马上决定这次会议就在该酒店举行,第二天就来签合同。就这样,张小姐仅凭着礼貌的电话交谈就为酒店敲定了一笔大业务。

点评:电话礼仪是语言礼仪的重要组成部分,属于餐饮礼仪中的基本礼仪。每一个酒店服务人员和餐饮工作者都必须注重语言礼仪的培养,这不仅仅是个人素质的体现,同时也是酒店管理水平和服务能力的展现。该酒店张小姐的礼貌电话交流为该酒店树立了良好的企业形象,赢得了公众赞誉,同时还为酒店赢得了一笔大业务,可以说该酒店知名度和美誉度都得到了提高。

思考与讨论

1. 日常服务工作中为什么要注意对客人准确的称呼?为什么在语言沟通中要注重遣词用句和表意明晰?为什么要讲究称呼与语言表达的礼貌?
2. 客舱的环境为什么是十分重要的?空中乘务人员的仪容、仪表、仪态为什么说是空中乘务人员的一项基本素质?
3. 中餐有哪些类型?主要的服务技能是什么?餐饮服务中有哪些主要的礼仪规范?
4. 西餐的摆台主要有哪些方面的内容?西餐礼仪中的着装礼仪有哪些?
5. 你掌握了哪些酒吧礼仪规范?

学法指导

1. 课堂讲授
2. 案例举要并分析
3. 小组讨论
4. 实际演练

自我检测

1. 到高星级酒店去进行认识实习,了解并掌握餐饮礼仪中的西餐礼仪、中餐礼仪、酒吧礼仪的规范,熟悉餐饮服务的相关技能技巧。
2. 举行模拟自助餐招待会,将餐饮礼仪中所涉及的礼仪规范和餐饮服务操作技能运用到实际演练中去,并根据操作实际情况进行考评。

3. 举行"温馨先生、温馨小姐形象大赛",通过比赛评选最佳温馨先生和温馨小姐,同时掀起学习礼仪、提高个人素质的礼仪活动高潮。

背景知识链接

1. 刘启亮. 饭店服务教程. 北京:中国旅游出版社,2004.
2. 温晓婷. 现代酒店知识与管理. 北京:中国商业出版社,2000.
3. 唯高. 餐厅礼仪. 北京:中国物资出版社,2007.
4. 郑向敏,谢朝武. 酒店服务与管理. 北京:机械工业出版社,2004.

第七章　面试礼仪

学习提示

面试是一种经过组织者精心设计，在特定场景下，以考官对考生的面对面交谈与观察为主要手段，由表及里测评考生的知识、能力、经验等有关素质的一种考试活动。

面试是公司挑选职工的一种重要方法。面试给公司和应聘者提供了进行双向交流的机会，能使公司和应聘者之间相互了解，从而双方都可更准确做出聘用与否、受聘与否的决定。

"精心设计"使面试与一般性的交谈、面谈、谈话有所区别。"在特定场景下"使面试与日常的观察、考察等测评方式有所区别。日常的观察、考察，虽然也少不了面对面的观察与交谈，但那是在自然场景下进行的。"面对面地观察、交谈等双向沟通方式"，不但突出了面试"问"、"听"、"察"、"析"、"判"的综合性特色，而且使面试与一般的口试、笔试、操作演示、背景调查等人员素质测评的形式也有所区别。本章将从面试的准备、本质，应聘者的应对方面进行介绍。

教学目标

1. 认识面试是获得工作必不可少的环节。
2. 了解面试的本质。
3. 掌握面试礼仪的要求。
4. 明确面试的应对方法。

第一节　面试前的准备

一、寻找机会

即使你能力极佳，口才极好，但如果不能获得面试的机会，那也只算得上是"怀才不遇"。获得面试有非常多的途径，也许你只习惯于采用其中的某几种而忽视了其他的方式，所以你会经常奇怪为什么别人没有你优秀，而面试的机会却比你多。那么看看以下的几种最有效的求职渠道，马上行动起来吧！

（一）浏览感兴趣的公司网站，获得该公司的招聘信息

对你所处的行业，你清楚地知道哪些是最优秀的公司企业、事务所，经常上它们的网站看一看，是否出现最新的招聘信息，因为这些信息最快捷、最真实、最有效。如果记不住

这些公司网站名字的每一个字母,可以用 baidu、google 一搜就搜出来了。

（二）浏览校园 bbs 的求职版块

这里有成百上千的求职者交流信息与心得,你可以得到最全面的招聘信息。推荐使用清华大学 bbs(www.smth.org)的"就业广场",这里的火爆是全国高校毕业生以及校友们众所周知的。

（三）参加大型招聘会

每次举办招聘会时那些展览馆前交通的水泄不通,可见,大型的人才招聘会是十分受重视的,因为这里有很多的机会等着你。这种招聘会的效果是很不错的,但参展的单位参差不齐,大到世界 500 强,小到只有几名员工的私营企业,这就看你的运气了。另外,很多招聘会会有专业主题,但也不是绝对的,最好你在去之前上网查一查有哪些单位,如果没有你中意的,就可以放弃了。

（四）参加公司在学校组织的校园招聘会

来学校组织校园招聘会的企业通常是很有实力的,一般也是冲着该校的知名专业而来的,所以针对性很强。然而这种校园招聘会有作秀之嫌,毕竟优秀的大学生也是他们潜在的客户。

（五）他人介绍或推荐

他人的介绍或者推荐(公司人员、前任上司、校友、朋友、亲戚、老师)对于求职者来说是非常有用的途径,尤其是公司内部的员工推荐你,那你获得面试的机会就很大。因为招聘者也像普通人一样,信任熟人当然超过信任陌生人。所以,赶快打听你有什么熟人在你想去的公司,拿起电话来跟他们联系。

（六）实习公司

很多大学生经常会在假期为一些大公司打工,但你想过没有,现在你要找工作了,他们会更倾向于接受你而非并不了解他们的人。还有一些公司专门针对大学生举行一些社会活动,其实他们也是在留意谁将会是他们潜在的优秀员工。如果你身边还有这样的实习机会或者活动机会,赶快报名参加;如果你已经参加过了,马上与他们联系,看他们现在是否需要招募新人。

（七）其他

另外还有在求职网上寻找工作机会、在网上发布求职信、通过职业介绍所等方式。不过求职网现在面临着严重的信誉危机，因为很多求职者抱怨针对他们发布的信息投出的简历很少有回应，所以被认为很有可能是虚假信息。而职业介绍所，费时费钱，实在不是一个好途径。

二、自荐材料的准备

一份好的自荐材料是开启事业之门的钥匙。因为毕业生在就业过程中，往往是先将自荐材料交给用人单位，用人单位再根据自荐材料进行初步筛选，确定面试学生名单。用人单位对毕业生的第一印象是从自荐材料开始的，因此制作好自荐材料对毕业生的就业是十分重要的。

自荐材料在网上有很多模板。自荐材料又称简历，简历，就是对个人学历、经历、特长、爱好及其他有关情况所作的简明扼要的书面介绍。

个人简历可以是表格的形式，也可以是其他形式。个人简历一般应包括以下几个方面的内容。

（1）个人资料：姓名、性别、出生年月、家庭地址、政治面貌、婚姻状况、身体状况、兴趣、爱好、性格等。

（2）学业有关内容：就读学校、所学专业、学位、外语及计算机掌握程度等。

（3）本人经历：入学以来的简单经历，主要是担任社会工作或加入党团等方面的情况。

（4）所获荣誉：三好学生、优秀团员、优秀学生干部、专项奖学金等。

（5）本人特长：如计算机、外语、驾驶、文艺体育等。

个人简历应该浓缩大学生活精华部分，要写得简洁精练，切忌拖泥带水。个人简历后可以附上个人获奖证明，如三好学生、优秀学生干部证书的复印件，外语四、六级证书的复印件以及驾驶执照的复印件。这些材料能够给用人单位留下深刻的印象。

写履历表要注意的问题如下。

（1）首先要突出过去的成就。过去的成就是证明你能力的最有力的证据。详细把它们写出来，会有说服力。

（2）履历表切忌过长，应尽量浓缩在三页之内。最重要的是要有实质性的东西给用人单位看。

（3）履历表上的资料必须是客观实在的，千万不要吹牛，因为谎话一定会被识破。要本着诚实的态度，有多少写多少。

（4）和写求职信一样，材料不要密密麻麻地堆在一起，项目与项目之间应有一定的空位相隔。

（5）不要写对申请职位无用的东西，切记！

（6）简历200字～300字为好，不宜写得太长。

制作简历可以根据自身情况选择适合自己行业和职业的简历模板，并且在制作简历之前应该做出相应的职业规划。

三、面试本质的把握

企业招聘是为了找到合适的人才,面试则是为了检验应聘者是否适合企业。航空企业的面试除了出于行业特点的需要,对应聘者的外形气质等进行考察外,与其他企业一样,会对应聘者的能力做重点考察。

一般而言,企业会主要考察你的三种能力:分析解决问题的能力,人际交往的能力,任务执行的能力。因此,把握住企业招聘的目的,并结合自身的条件进行分析,就可以有针对地进行准备,从而在面试时以自信、从容的姿态面对。

(一)分析解决问题的能力

1. 领导能力

领导力是指能够影响和激励团队中的他人,激发他人的信心和动力,从而在团队内形成有效的管理,获得更高的绩效。

对于航空企业而言,有效的领导力是提供优质服务、获得持久健康经营的重要因素。成功的领导者拥有充沛的激情,并感染他们,在团队中创造和谐、向上的氛围,使团队和个人的发展达到统一。

面试时,一般会提出有针对性的问题或者采用"无领袖小组讨论"等方式来考察领导力。

2. 分析能力

分析力是指面对错综复杂的环境或者突发事件时,能够冷静地分析处理问题,并敏锐地抓住问题的根本。

航空企业是服务行业,服务业最典型的特点就是要与各种各样的人打交道。而每个人的兴趣、爱好、职业、受教育程度都不相同,导致每个人对服务的要求也不一样,因此容易带来各种各样的纠纷。

面试时,一般会提出一些逻辑性的推理问题,或者通过解难测试、小组讨论、压力面试等方式来进行考察。

3. 创造能力

创造力是指拥有灵活的思维,擅于从其他角度找到处理问题的办法或者提出新颖的理念。

航空企业的服务需要针对客人的喜好推陈出新,形成独具特色的产品。而空乘人员处于服务的一线,对客人的需求掌握着第一手的资料。

面试时,一般会提出一些看似荒诞或者无法回答的问题来考察。

4. 学习能力

学习力是指能够针对自身的工作、环境,自觉主动地搜寻学习相关知识的能力。学习力的重要性不言而喻。达尔文的"丛林法则"提出:当环境变化时,存活下来的不是最强壮的物种,也不是最聪明的物种,而是对变化做出最积极反应的物种。学习力则是做出最积极反应的重要前提!

(二)人际交往的能力

1. 沟通能力

沟通能力是指能与他人进行有效的沟通,阐述自己的观点,获得他人的支持,进而在同事、客人之间建立良好关系的一种能力。沟通力强调在阐述自我观念时,能积极地吸收他人的建议,并站在沟通对象的角度进行思考,以获得共识。而不是单纯地要求他人无条件地接受自己的观点。

在处理投诉时,沟通力显得格外重要。它要求服务人员"换位思考",站在客人的立场,设身处地地考虑客人的感受,委婉地提出己方的意见。

2. 团队合作能力

现代社会中,分工非常细致。个人的能力必须投入到团队中,与团队有机地结合,才能发挥出最大的效用。

优秀的人才,应该是乐于加入团队,并积极地参与团队的各项事务,支持团队的决策,重视团队成员的意见,并愿意为团队利益放弃个人利益。

3. 诚实正直

诚实正直是为人之本,也是人际交往中最基本的原则之一。

在企业中,员工应该以企业的道德规范来约束自己的行为,遵守各项规章制度以及职业规范,并明确自我的职业行为。在工作中,以诚实的态度面对同事、乘客及顾客。

(三)任务执行的能力

1. 任务目的掌控能力

任务目的掌控能力是指清晰准确地把握任务的全局,并明确完成任务需要做哪些事情,不需要做哪些事情,哪些事情先做,哪些事情后做。

很多时候,工作最直接的表现是完成上级交待的各项任务,有的任务是约定俗成,形成了明确的岗位职责,而有些是临时突发的。约定俗成的工作因为经过了大量的训练,形成了明确的工作流程。而临时突发的任务,往往会令人措手不及。

领导往往喜欢说:"我现在需要你做……","我要达到……效果"。而达到领导预期效果的途径则需要员工自己去分析。

2. 高效率的工作能力

高效率的工作能力是指对时间进行科学的管理,分清工作的轻重缓急,养成高效的工作习惯。

优秀的人才能够对工作进行合理的分工,保证时间安排合理科学,工作目标明确,整体工作有条不紊。

第二节 面试时的形象举止

一、恰当的着装

根据心理学的研究,在未与人沟通前给人的第一印象是由最初的20秒决定的,而最初20秒的印象是由外在形象决定的。因此,适当的穿着能体现出面试者专业、干练的气质,给面试官留下良好的第一印象,面试者也更有机会脱颖而出。着装一般遵循TOP原则。TOP是三个英语单词的缩写,它们分别代表时间(Time)、场合(Occasion)和地点(Place),即着装应该与当时的时间、所处的场合和地点相协调。

(一)男士着装

1. 外套

对男士而言,一套黑色或藏青色的正装西服是面试时的首选。浅色西装要尽量避免,因为浅色西装很容易给人轻浮的感觉。休闲西装也不要选择,虽然休闲西装可以营造出轻松的氛围,但会让面试官误认为你比较随意。

对于西装的面料,可以根据自身经济条件来合理选择。有一点要特别注意,不管什么面料的西装,在上身之前一定要检查是否有褶皱,如果有,必须熨平。

现在的西服一般都是单排三粒扣的,职业化的穿法是扣上面两粒扣子,第三粒不扣。西裤的长度以盖住你的半个鞋跟为宜,过短显得不协调,过长显得邋遢。

如果是冬天面试,最好在西装外面套上一件中长的呢子大衣来保暖。如果没有大衣或者天气实在很冷,可以在外面套一件棉衣,但脱下棉衣应保证不会在西装上留下褶皱或者棉絮。

2. 衬衫

应注意:短袖衬衫不是正式着装,所以在面试时,应穿着长袖的正式衬衫,并扣上袖扣。

衬衫的首选颜色是白色或淡蓝色,能给人专业、诚实、聪明及稳重之感。衬衫的领口和袖口处比较容易脏,在穿着时,应检查上述位置。否则,在浅色的衬托下,污渍很刺眼,给面试官留下邋遢的印象。

3. 领带

正式的着装规范中,着正装西服的时候,必须打上领带。领带应选择挺括的面料,颜色选择黑、紫、蓝等冷色调,应与西装和衬衫的颜色协调。如果有图案,则图案的颜色有西装或衬衫的颜色或同色系的颜色。在制式服装中经常出现的"一拉得"式领带,因为长度不能调节,在正式场合不宜使用。

领带的结法应按面试者的气质、西装、衬衫的款式,选择合适的结法。结好的领带松紧、长短应合适:松紧以穿着者不感觉到束缚为宜;长短方面,外侧应略长于内侧,外侧下端正好处于腰带扣的位置。

4. 皮鞋

穿着西装时,应搭配黑色矮跟皮鞋,最好是系带式皮鞋,线条硬朗。皮鞋应擦拭干净,有光泽,尤其是鞋跟处。

5. 袜子

袜子的颜色应在西裤和皮鞋的颜色间起到过渡的作用,否则在面试者走动时,露出的袜子颜色会非常显眼。日式的白袜绝对不能选择。质地以棉质、丝质为宜。袜子的袜筒要长一点,保证在面试者坐下时,不露出腿部皮肤为宜。

6. 包

一个质地好的皮包能很好地起到烘托的作用。当然,包的颜色也应该与西装的颜色协调。如果没有皮包,可以拿一个黑色的文件夹,也可以起到相同的效果。学生常用的书包则不要选择。

7. 饰品

除了手表,不要出现其他的饰品。手链、护身符等都会在不同程度上破坏面试者的精心准备。

(二)女士着装

1. 外套

女士求职服装一般以西装、套裙为宜,这是最通用、最稳妥的着装。一套剪裁合体的西装、套裙和一件配色的衬衣或罩衫外加相配的小饰物,会使你看起来显得优雅而自信,给对方留下良好的印象。切忌穿太紧、太透和太露的衣服。袒胸露背一般是西方女士参加社交活动的传统着装,但在我国却不适合。

另外,注意不要穿超短裙(裤),不要穿领口过低的衣服。否则会给人不庄重、不雅致、轻佻之感,这是求职之大忌。大量的求职实践表明,不论应聘何种职业,保守的穿着会被视为有潜力的候选人,会比穿着开放的求职者更容易被录用。

女性求职者服装的颜色可有多种选择,有些女性认为面试时一定要穿黑色套装,这种穿法虽然十分稳重,但是现在社会已能接受一些较鲜艳的颜色。比如,谋求公关、秘书职位的女性穿黄色服装就容易被主试人接受,因为黄色通常表现出丰富的幻想力和追求自我满足的心理。红色能显示人的个性好动而外向,主观意识较为强烈而且有较强的表现欲望,这种颜色感染力强,容易打动主试人,令人振奋,并印象深刻。但女性应该避开粉红色,这种颜色往往给人以轻浮、圆滑、虚荣的印象。

2. 鞋子

鞋子可以选择中高跟的,船鞋最适合搭配女士的职业套装。

露出脚趾和脚后跟的凉鞋并不适合商务场合。没有后帮的鞋子也只能在非商务场合穿着。

任何有亮片或水晶装饰的鞋子都不适合于商务场合,这类鞋子只适合正式或半正式的社交场合。

夏天,后帮为带状的露跟鞋子受职业女士欢迎。但对职员服装要求比较严格的公司,并不把这种款式的鞋子列入公司的着装要求中。

冬天,很多女士喜欢穿长筒的皮靴。在商务场合尤其是参加正式的商务活动时,应该避免穿着靴子。

鞋子的颜色最好与手提包一致,并且要与衣服的颜色相协调。黑色的皮鞋可以搭配任何颜色的职业套装。

3. 袜子

穿裙服时着长筒丝袜,不仅是礼仪的需要,而且还能掩饰腿部的缺陷,增加腿部的美感。袜子的颜色原则上与裙子的颜色相协调,腿较粗的人适合穿深色的袜子,腿较细的人适合穿浅色的袜子。一般不要选择鲜艳、带有网格或有明显花纹的丝袜。肉色的丝袜可以搭配任何服装。穿深色套装时也可以搭配黑色丝袜,但切忌搭配渔网、暗花之类过于性感的丝袜。

穿丝袜时,袜子口不能露在裙子外面,切忌穿裙子时搭配短丝袜。穿一双明显跳纱破损的丝袜,或者丝袜松松垮垮地套在腿上是不雅和失礼的。

4. 包

公文包或手提小包,带一个即可,不要两个都带。在多数面试场合,携带公文包比手提小包体现出更多的权威。你可以把手提包的基本内容放进一个无带小提包,然后把它装进公文包内,但不要将包塞得满满的。如果你个子较矮小,包则不宜过大,这样会极不协调。

5. 饰品

1) 帽子

不管你是否戴帽子,对此你必须持谨慎态度。假如你的帽子与你全身很相配,就请选择一顶既无饰边也不艳丽却很雅致的帽子。一般有面纱的松软宽边的法式帽子在生意场上易使人心烦。

2) 首饰

首饰尽量少戴,应避免几个手指都戴戒指。拇指戒指不能为人接受。耳环应当小巧且不引人注目。为了使你感到舒适,注意力集中,戴的耳环不要过长,以免发出叮当的声响或者触及脖颈,甚至挂到衣服上。朴实无华的项链就很好,但别戴假珍珠或华丽的人造珠宝。令人喜爱的手镯是完全可以接受的,但镯子上的小饰物应当避免,其他刻有你名字首字母的首饰也应避免。面试时一定不要戴脚镯。记住,戴首饰的重要原则是少则美。

3) 眼镜

眼镜会使一些人外表增色,也可能使一些人显得不协调。尽量选择适合自己的镜框,式样宜新为好。另外,千万不可戴太阳镜(护目镜)去面试,当然更不能戴反光镜。假如你非戴眼镜不可,可选择隐形眼镜。

4) 围巾

一条漂亮的围巾有画龙点睛的妙用。一些女士喜欢蓝灰色服装,但穿蓝灰色衣服往往会使面部发暗,如果配上一条色彩浓郁、风格热烈的尼龙围巾,就能达到生气勃勃的效果。如果穿一套藏青色的西服,应围一条纯白的围巾,既能显托红唇黑眸,又能保持藏青色清爽如水的气质,衬托出女性的敏捷和果断。还有一些女青年喜欢穿银灰色的衣服。银灰色是高雅大方的色彩,但若围巾搭配不当,便会显得呆板平淡。

5) 丝巾

丝巾飘逸清秀的特点最能烘托出女性的美,但选择丝巾时一定要注意与衣服的协调搭配。如花色丝巾可配素色衣服,而素色丝巾则适合艳丽的服装。

6. 发式

在选择发型之前,应该先分析研究一下自己的脸型,有了彻底的了解后,才会选择出最适合脸型的发型。一般来讲,掌握以下几个原则即可。

(1) 高额角、低额角。如果你的脸型属高额角,发梢应向下梳,做刘海或波浪,让你的头发遮盖一部分前额;若是低额角,发梢应尽量离开前额往上梳,如果你偏爱刘海,必须要短,决不能低于发线,避免使额头看起来更低。

(2) 宽额角、窄额角。宽额角,发梢应从两边向中间梳,用波浪遮掩住太宽的额角。对窄额角的年轻女士来说,情况正好相反,头发应沿两边向后梳,如果你做了刘海,则切不要让发卷伸延至太阳穴前。

(3) 高颧骨、低颧骨。高颧骨,两鬓的头发往前梳,超过耳线,盖住颧骨,刘海不妨略长些,但不可梳中分式。低颧骨的年轻女士,两边的头发应往后梳,不要遮耳线,两鬓可以做发卷,以中间分开更好。

(4) 大鼻子、小鼻子。大鼻子,头发应梳高或向后梳,避免中分,因为中分会使你鼻子显得更大,最好不要蓄刘海。小鼻子的年轻女士头发绝不要往上梳,应让刘海下垂,遮住发线,但刘海不可留得过长。

(5) 突下巴、缩下巴。突下巴,两边及额前的头发,都应该向上梳,让发线显露出来,脑后微微往上梳。缩下巴,额前和两鬓的头发,都应向前梳,宜盖刘海和波浪,脑后头发要低而丰满。

(6) 粗短颈子、细长颈子。粗短颈子,头发四面向上梳,应蓄短发,永远不要让头发遮盖发线。细长颈子,头发要向后梳,避免选择较短的发式。

7. 化妆

女性求职者的化妆一定要坚持素淡的原则,切不可浓妆艳抹。

1) 嘴唇

嘴唇是脸部最富色彩、最生动的地方,也是最吸引人的部分,所以无论如何要使嘴唇显得有润泽感。年轻女士宜用紫色口红,避免用大红或橙红,过于刺目的嘴唇会给人以血盆大口的印象,使主试人唯恐避之不及。唇线不可画得太深,那样会使你的嘴显得突出和虚假。

2) 眼睛

眼睛是心灵的窗户,眼睛在面试时的作用是举足轻重的。为了使眼睛在面试时能动人而传神,面试之前就应稍加修饰,例如女士可以描一描睫毛,使之更加妩媚。眼睛小的,可以在眼睛四周轻轻地描上眼圈,但不能描得太黑太深,不要露出修饰的痕迹。单眼皮者也未必一定要去拉双眼皮,有的单眼皮传达出的眼神更坦率、更亲切。如果你有近视、斜视和眨眼之类的毛病,就有必要戴上一副眼镜去面试,不要让眼睛的毛病贻误了你取胜的机会。

3) 鼻子

我们说修饰鼻子,并不是要你去整容。你可以在鼻梁上略施淡粉,因为面试时如果灯光太亮,会使鼻子出油发亮,如果天气太热,鼻梁上也容易出汗。有粉刺鼻、酒糟鼻和鼻炎者,最好提前到医院去诊治,以免妨碍面谈的效果。平常鼻毛长的人,面试前要格外注意修剪,如果鼻毛横行,主试人见了一定会感到恶心。另外,鼻端上或眼角里不要留有污秽积物。

4) 香水

选择香水要与自身的气质相配,香味宜淡,闻上去要给人以舒畅的感觉。

8. 手和指甲

女人的手通常是其气质外观的一个方面。为充分显示其魅力,应保持干净,指甲应修剪好,千万不要留长长的指甲,不要涂艳丽的指甲油。

二、得体的举止

（一）面试时的仪态

面试时,要态度诚恳。进入面试场地,应试者应始终面带微笑,不要过分紧张,对碰到的每个公司员工都应彬彬有礼。

肢体语言在人际交流中占50%以上,面试时肢体语言表现不当而暴露弱点也是面试失败的一个重要因素。

肢体语言包括说话时的目光接触、身体的姿势控制、习惯动作、讲话时的声调等。

1. 目光接触

面试时,应试者应当与面试考官保持目光接触,以表示对面试考官的尊重。目光接触的技巧,盯住面试考官的鼻梁处,每次15秒左右,然后自然地转向其他地方,例如望向面试考官的手、办公桌等其他地方,然后隔30秒左右,又再望向面试考官的双眼鼻梁处。切忌目光犹疑、躲避闪烁,因为这是缺乏自信的表现。

2. 身体姿势和习惯动作

在进出面试场地时,要注意进退礼仪,一定要保持抬头挺胸的姿态和饱满的精神,不要与人交谈时频繁地耸肩、手舞足蹈、左顾右盼、坐姿歪斜、晃动双腿等,这都是不好的肢体语言。总之,手势不宜过多,只是在需要时才适度配合表达使用。

3. 讲话时的声调

从声调中,可以听出一个人是否紧张、是否自信等,平时应多练习演讲交谈的艺术,控制说话的语速,不要尖声尖气、声细无力,应保持音调平静,音量适中,回答简练,不带"嗯"、"这个"等无关紧要的口头语,这些都显示出在自我表达方面不专业。

此外,参加面试时,除了熟记自己准备的资料外,如何把握短短一个小时左右的时机,最大限度地展现自己的长处和树立良好形象,掌握良好的交谈技巧也是成功面试的重要因素。

面试考官一般比较欣赏谈吐优雅、表达清晰、逻辑性强的职位应试者。因此建议在准备面试时,要找时间与同伴互相进行角色扮演,多熟悉一下面试时自我介绍的环节和有关问题的回答方式,多研究面试考官观察人的角度和侧重点。

在整个面试过程中,注意不要紧张,表述要简洁、清晰、自信、幽默等,同时注意观察面试考官的表情变化,也就是做到察言观色,尽快掌握面试考官感兴趣的方面,再根据事先的准备做着重表达。

切记:在与面试考官的意见不一致时,不要据理力争,那会导致一时"嘴巴上的快活"而满盘皆输。即使你不同意他的看法,也不能直接给予反驳,可以用:"是的,您说的也有道理,在这一点上您是经验丰富的,不过我也遇到过一件事……"之类的方式婉转表达。

可以用类似的开头方式进行交流。但在下结论时不要主动说与面试考官的观点完全相反,要引导面试考官自己做结论,这样就避免了与面试考官直接发生冲突,又巧妙地表明了自己的观点,特别是在回答情景面试问题时,稍不注意就容易处理失当,由于过度自信而忽略了场面控制。

（二）面试时的握手

手与手的礼貌接触是建立第一印象的重要开始。在面试时，你一定要使你的握手有感染力。特别是外企，更是把握手作为衡量一个人是否专业、自信、有见识的重要依据。坚定自信的握手能给招聘方以好感，让他认同你是懂得行规、礼仪的同行人。

握手是很重要的一种身体语言。那么，怎样握手才到位？握多长时间才算恰当呢？如何才能使握手达到良好的效果呢？

1. 男女平等：谁先伸手

握手一般是先下手为"强"。女士、年长者和职位高者应该先伸手。但在中国，有些女士不懂这些礼仪，看到对方很不顺眼就故意矜持地拒不伸手。

那么，当你碰到年轻女面试考官，你该怎么办呢？按照国际商务礼仪规范，男女应该同时伸手。如果对方不主动伸手，你可以主动出击，对方出于礼尚往来的考虑，也会伸出手回应你，但这里要注意出手的时机，要把握好"时机"。要注意别过早伸手或者在不恰当的时候伸手，如面试官正埋头看资料时。

总之，掌握好伸手时机需要通过练习，你不妨多参加招聘会，多与招聘公司的人员接触，在失败和不恰当的握手中体会回味。

2. 蜻蜓点水：不要太温柔

男女授受不亲的时代已经过去，那些仍然矜持得"笑不露齿"的女性在握手时通常都是轻拂而过，如鹅毛般轻盈，这不是国际商务礼仪所倡导的。虽然不必提肩垫脚以表示你使出吃奶的劲儿在握手，但是无论男女，在握手时都应该本着"坚定有力"的宗旨，用心去和对方握手，这样方显自信、诚恳的本色。

3. 东张西望：我的眼里没有你

握手是双方互动交流的开始，眼睛要注视着对方，没有眼神交流的握手缺乏诚意，不能得到对方的认同,更别提好感了。

在大型聚会中,不少国人的通病是一边握手一边寻觅,东张西望地寻找……这既是对正在握手对方的不敬,也反映了自身的不专业作风。

(三)学会读懂眼睛中的信息

眼睛是心灵的窗口,眼睛是人与人沟通中最清楚、最正确的信号。在面试中,如果能够善于从对方的视线变化中,敏锐地透视对方的心理变化,对于成功应聘将有很大的益处。

而如何读懂对方眼睛透露的信息是一门很大的学问。据心理学家研究,以下视线的变化可以成为我们透视对方心理的重要参照。

(1)谈话时,视线集中于对方,表示话中之意,强调自己的存在,或希望对方了解自己。

(2)初次见面时,首先上下打量对方者,表示他已占据优势;有些人一旦被人注视,忽然将视线躲开,这些人大多有相形见拙的自卑感。

(3)有些人只对异性看一眼,就故意收回视线,这恰好表明他(她)对异性的欲求很强;有人想看对方,却总是装出左顾右盼的样子,这表明他(她)对对方具有强烈的关注,但又不想让对方知道自己的心思。

(4)仰视表示尊敬或信赖,落下视线看着对方是有意保持自己的尊严。

(5)视线左右活动频繁,表示正展开紧张的思考活动。

(四)学会听懂招聘者的话外音

语言是一种复杂的艺术。求职应试者可以通过语言与招聘方进行沟通、交流,向招聘方展示自己的知识、智慧以及能力气质等。当然,招聘方也可以通过语言向求职应试者传递信息,因此如何理解招聘方人员的话外音对于求职应试者来说就变得非常重要了。那么,如何听懂或者如何听出招聘方的话外音呢?

(1)招聘人员在收下你的应聘材料后,可能会用不同的语言来表示对你感兴趣的程度。如果他说"材料先放在这里,有消息会通知你的",这无疑是对你"兴趣不大"。

(2)招聘单位对应试者的年龄、学历、经历会有一定的限制,但有些单位也会留有余地。比如,招聘要求出现"一般须有"、"特殊情况可适当放宽"之类的话,即使你已被画出线,也不要丧失勇气和信心,你的任务就是要使对方相信你属于"特殊"而不是"一般",这就需要你用"不一般"的才能、经历和水平来证实。

(3)在面试中,你也许会听到招聘者问你"如果叫你到别的岗位,你愿意吗?"这其实是向你发出了一个信号:你应聘的岗位也许已"有主",但招聘单位对你兴趣不减,很想拉你"入伙"。面对这种提问,你应当迅速做出反应。如果你认为对方是个不错的公司,你对新的岗位又有一定的把握,不妨入门再等待机会;如果对方情况一般,新岗位又过分"屈才",当然干脆婉拒了。

(4)面试后的等待是应试者最难挨的日子。其实,面试时招聘者会自然流露出一些"蛛丝马迹"。如果面试时只是"例行公事"式的问答,那你的希望还是寄于别处为妙;如果对方对你的专长问得很细,那么你的希望就不会小。而面试结束前的客套话,更是关键,如果对方只是面无表情地说:"我们会有通知给你的",那么你往往不会收到录用通知;如果对方热情地和你握手言别,再加一句"谢谢你应聘本公司"的话,你就可能与他做同事了。

(5) 如果对方在翻阅了你的应聘材料后,说声"是否可以谈谈你的要求和打算?"这八成对你有兴趣,就看你如何充分表现你的水平和才能了,千万不能像王婆卖瓜那样造成对方的反感。

(五) 冷静应对面试考官的沉默

面试时,考官可能会忽然沉默下来,然后带着微笑看着你。相信大多数应试者都曾经遇到这样的情况。这个时候,千万不要慌乱,因为只有沉着冷静的应对,才能使自己立于不败之地。

可以说,"沉默"是许多面试考官都喜欢用的"杀手锏",因为它常能有效地检验应试者的心理素质和办事能力。

当面试考官沉默时,他往往是在等着看你接下来的表现,看你怎样应付这被动的局面。这个时候,首先要做的是静下心来,沉着地应对。

你可以对自己以上所说作个补充。如果你刚刚谈了自己以前所取得的业绩,你可以接着谈一谈自己有哪些不足,或者有什么让自己感到遗憾的地方。可以从正面补充,也可以从反面,这样会让考官觉得你思考问题很全面。

适当地总结一下,也是不错的处理办法。当考官沉默时,你可以大胆地说"总之……",为你的言论作简短的结尾。事实证明,这常常能行之有效。你也可以另起一个新话题。最好能在面试之前,就准备这样几个新话题,以备不时之需。一旦遇到冷场,马上可以派上用场,与面试考官进行新的讨论。

如果以上方法还不奏效,还有一个办法就是把"球"踢给对方。例如,你可以适当地反问道,"以上是我个人的基本情况,对此您有什么看法?"或者说,"您还有什么需要了解的吗?"这样,往往能够化被动为主动。

当然,要处理好"冷场"的不利局面,关键还是要看个人长期积累起来的心理素质和应变能力。上面所说的方法,不能从根本上解决问题,最重要的是不断锻炼自己的心理素质,努力增强应付意外事件的能力。

(六) 面试技巧的训练途径

很多大专院校及不少中学都有就业辅导教师,他们通常会安排以下的辅导活动,帮助毕业生学习面试技巧。

(1) 面试技巧讲座。
(2) 播映面试过程的录相带并讨论应试者的表现。
(3) 安排模拟面试,邀请有经验的主试考官组成面试团,提供实际的面试机会给学员,并于事后评论其表现,使其有所改进。

不少社会服务或志愿团体每年在暑假开始时,也举办各类就业辅导活动,以传授面试技巧为主的讲座也很普遍,初次找工作的人不妨多参加这类活动。

另一个更有效的途径是从实际的面试中吸取经验。特别是面试失败后,要细心检讨整个面试的过程以寻找失败的原因。所以不妨在开始求职时,多申请几家单位以吸取更多面试经验。

至于说话不太流畅的人,也不应该气馁。辞令是可以学习的,与自信心也有很大关系。有些人可能因性格关系比较沉默寡言,有些人却因为没有机会在他人面前发表自己的意见,所以在面试时便处于不利地位。事实上,即使患口吃的人也往往能经过努力练习而变得信心十足。

对口才不太好的人,以下方法可以参考。
(1) 尽量与不同的人谈论自己的抱负,或与他们辩论热门的时事问题。
(2) 利用视听器材如录音机或录相机等,将自己说话时的情形录后重播,找出缺点,然后设法改善。
(3) 多寻找机会高声背诵一些文章或讲稿,或在众人面前发表自己的意见,这些做法都会帮助你加强说话时的信心。

三、细节显示修养

(一) 需要特别注意的细节

1. 守时

守时,是社会交往中最基本的要求。面试时最好提前一刻钟到达应聘地点。如果第一次面试你就迟到,一定会给考官留下极糟的印象。一来显得你不尊重考官和公司,二来会影响其他人的面试安排。所以不管从情感上还是客观公平来讲,考官都会因此而给你一个不及格。而之所以要求你提前一刻钟到达,则是出于为你自己的考虑。因为这段时间里你可以熟悉周围环境,在公司秘书那里多了解一点情况,在洗手间里整理整理自己的妆容。

2. 问候

进入面试的房间,不要一声不吭,应该礼貌地问候考官。"上午好"、"下午好"等就足够。如果你已经被面试搞得昏头昏脑可能都忘了上午还是下午,那一句"你好"就是永远正确的问候语。当然,不光是面试,任何社交场合的开场白都是"你好",例如接电话、咨询等。所以,在即将踏入社会的现在,你就开始习惯开口说"你好"吧。

注意没有必要拉家常似的与考官套近乎,第一次见面就这么亲热只会让人觉得你很虚伪。此外,不要给考官递烟……

3. 表情

(1) 微笑:无论你那时有多坏的心情,心里有多么紧张。记住,一旦踏入公司的大门就开始面带微笑,而且要自然。坐在考官对面时当然应该微笑,对其他的公司员工,还有其他来面试的应聘者也应该同样报以微笑。如果你实在觉得紧张笑不出来,那么现在就对着镜子练习:轻轻抿着嘴,让两嘴角微微上翘,那样也可以制造一个职业的微笑。

(2)眼神:除了你的嘴在说话,你的眼神也要与你对话的人进行交流,偶尔环顾其他在座的人以示尊重和平等。不要低着头盯着自己的手指,好像在自言自语一样。

如果是当众作演讲的时候,你可以选择你对面墙壁上的一个点看着,方位恰好是在众人头顶的延伸线与墙壁的交点,这样可以减轻你紧张的情绪。当你没有感到那么紧张的时候,可以与听众交流眼神,效果当然最好。

4. 就座

进入面试房间之后,你就按照考官的指示来做,既不要大大咧咧随便,也不要太过谦让。如果招聘人员让你坐下,你就道过谢之后大方地坐下,没有必要非得等对方坐下你才坐。

面试结束后,一般应该女士先行。当你的考官是一位女士时,你最多简单地让一下就可以了。因为有的时候她并不需要陪你一同走出去,而是要继续在座位上等候下一位应聘者。记住:客随主便,恭敬不如从命。

5. 交谈

交谈贯穿于整个面试过程,是考官了解你、评判你的最直接途径。除了你的思维能力和沟通能力,你的语言表达也很重要。记住,放慢语速。机关枪似的谈吐,只会显示出你紧张的情绪和冲动的性格,除非你有过人的演讲实力。放慢语速既可以让你吐字更加清晰,还能留给你更多思考的时间,是智者的举动。

如果没有足够的信心和放松的状态,那么不要随便说俏皮话以打破尴尬的气氛,那样只会适得其反。

6. 聆听

交谈的确是面试过程中最重要的交流方式,但聆听对于交谈,就像绿叶衬映红花一样不可或缺。在与考官交流的过程中,对方在说话的时候你一定要认真聆听,而且是边听边思考,不要轻易地打断对方说话,那样会显得你很不礼貌;也不要自作聪明地努力表现自己,那样会显得你轻浮而不够谦虚。当然,聆听并不是你一味消极地听,其实这也是个交流的过程:你的表情和眼神应当让你的考官了解你是否已经听清楚并领会。轻微地点头表示你完全明白,疑惑的眼神使你即使不用开口,对方也会心领神会,把他的话再给你说一遍;如果遇到你没有理解的地方,或者没有听清楚的地方,也可以趁着对方说话间停顿的时候马上询问,请求重复一遍或者解释。

7. 握手

握手对于还没有毕业的学生来说一般是很陌生的,但在社交场合中却是最为重要的礼仪之一,是衡量一个人是否专业、自信、有见识的重要依据。所以在面试中,握手就有着举"手"轻重的地位。所以,你一定要使你的握手有感染力。而这种"感染力"的制造取决于两点:力度与时间。握手一定要坚定有力,哪怕双方是女性。软弱的握手代表缺乏信心,甚至显得你不礼貌。时间,一是"出手"的时间,一般考官会主动向你伸出手的,这时候你就大方地把你的手伸过去;二是握的时间,从两手接触、握牢后,你只要上下小弧度挥动你的前臂2~3下就可以了,没有必要因为要表达你的热情而握着对方的手摇个不停。

最后提醒:用右手,即使右手拿着东西也要从容地放下后伸给对方。

8. 坐姿

坐在座位上的时候挺直腰杆,不要因为懒散或者胆怯而靠在椅背上,标准的坐法是坐椅子的前三分之二。男士不要翘着二郎腿,女士注意把双腿并拢。如果可以做点记录什么的,那么双手就有事可干了。如果双手闲着,并且对面有桌子,那就双手交握放在胸前的桌面上;如果没有桌子,那就自然地放在双腿上。

9. 名片

一般情况下,应聘者没有必要向考官递上名片,因为应聘者的信息在简历中已经足够清晰。但面试结束后向考官索要名片倒是聪明之举,一方面可以在以后的过程中直接与之交流,另一方面,在你的职业生涯中又多了一个伙伴,说不定哪天还有合作的机会。

在接受对方递来的名片时,你会发现无论对方有多么高的职位,肯定都会双手把名片递上。所以你接受的时候也一定要双手来接,接过来之后不要看也不看就胡乱塞到哪里去了,而是扫视一下,如果有看不清楚的地方或是还有你想知道的信息可以询问对方,然后记上,将名片放进你的名片夹、钱包或者公文包里。

10. 喝水及吃食品

一般面试的时候会有人给你端杯水过来。道谢是必要的。如果你很紧张,就不要碰这杯水,因为说不定这杯水会成为一个定时炸弹。想想看,如果不小心碰倒了把水洒得到处都是,或者自己呛到了,那会多么让人窘迫!如果你还算从容,那想喝就喝,不想喝就不喝。如果女士涂了口红就最好忍住,毕竟在考官面前花了嘴可不好看。

有很多公司会在休息室准备一些小点心、糖果以及饮料——都是免费供应的。面试过后想吃就吃吧,只要不全给吃光就可以了,但要注意仪态。

有一点要提醒:如果你为了保持口气清新嚼着口香糖,那么在见考官之前一定得处理掉——用一张小纸条包起来扔进垃圾筒,而不是直接吐掉。

(二) 错误举止

1. 转笔

现在很多人喜欢转笔,其实这是非常不礼貌的。如果笔不断"啪啪"地掉在桌上实在让人心烦。如果掉在地上,你还得钻到椅子下去捡起来,实在不好看,即使你转笔的水平已经登峰造极永远不会掉,也会让很多人视觉上感到不舒服。如果你有这种习惯,那么在面试的时候就尽量不要让自己的手碰到笔。

2. 异声

故意挤压手指和骨骼而弄出声响,这是很没有教养和不文明的表现。

3. 晃腿

晃腿会让你整个人都跟着抖动——形象恶劣。

4. 陋习

不停地摸头发、胡子,挖鼻孔、耳朵。可能有的人做这种动作真的只是习惯,但是要注意并克制,因为别人看着实在觉得很不雅。

5. 夸张

当向招聘者谈及自己的经历时,要尽可能突出个人优势和实际能力,但注意不要过分夸张地推销自己。有经验的招聘者很容易识破其中的水分,他们还很善于了解你变换工作的前后时间以及每次跳槽的动机。

6. 套近乎

招聘者对过于自信或过分轻松的人都不信任,有的人套近乎、过分随意,这些举止都会让招聘者反感。

7. 话太多

不要过分咨询工作时间的长短,或随意批评一位同事或竞争对手。不宜开玩笑,不宜反复强调自己的应聘动机,也不要让招聘者感到无论什么条件你都要获得这个职位,这些都不利于成功。

第三节 面试时的语言礼仪

语言是求职面试考官在应试中与应聘方沟通情况、交流思想的工具,更是应试者敞开心扉,展示自己知识、智慧、能力和气质的一个主要渠道。面试时,你的语言表达艺术标志着你的成熟程度和综合素养。因此,对求职应试者来说,掌握语言表达的技巧无疑是重要的。那么,面试中怎样恰当地运用谈话的技巧呢?

一、自我介绍技巧

成功的自我介绍,不仅依靠声调、态度、言行举止的魅力,还要考虑适当的时间和地点以及当时的氛围,如把握好时机。所谓好时机,一方面要求不破坏或打断面试考官的兴趣,另一方面又能够很快抓住对方的注意力。在需要等待的时候,一定要等待,而且努力使自己当好面试考官谈话的听众。

"蹩脚"的自我介绍,会在面试考官面前大打折扣——急于表现自己,在不适当的时候打断考官的谈话;夸大表现自己,长篇大论,夸夸其谈;不敢表现自己,遮遮掩掩,生怕考官摸了自己的底细而小看自己;不能表现自己,吞吞吐吐,含糊不清,不能给别人一种清晰的逻辑和印象,甚至别人连名字都没听清楚。其实,有时候,优秀的自我介绍比证件、名片之类的东西更重要,它可以"先声夺人",很快给面试考官留下深刻的印象。

那么,面试时的自我介绍都有哪些技巧呢?

1. 自信真诚

如果你先前已经了解考官和与其相关的人,话题涉及他们时,尽可能以自然流畅的语调来赞美对方,让人感觉你是从心里发出的,而不是过分奉承和吹捧。

2. 尊重对方

格外表示自己渴望认识对方,使对方觉得他自己很重要。如你知道对方的职务,可以多重复一两次地称呼对方"某经理"、"某主任",以表示自己对对方很尊重,且很荣幸认识对方。千万不要直呼其名。

3. 自我认识

想一矢中的,首先必须知道你能带给公司什么好处。当然不能空口讲白话,必须有事实加以证明,最理想的方法就是能够"展示"过去的成就。例如你曾为以往的公司设计网页,并得过奖项或赞扬。当然,这些例子都必须与现在公司的业务性质有关。而且职位越高,自我认识就越重要,应将个人的成败得失记录在日记中,这样就可以时刻都清楚自己的强项与弱点。

4. 投其所好

清楚自己的强项后,便可以开始预备自我介绍的内容:包括工作模式、优点、技能、突出成就、专业知识、学术背景等。因只有短短一分钟,所以一切内容还是与该公司有关的好。如果是一个电脑软件公司,应说些电脑软件的话题;如果是一个金融财务公司,便可跟他说理财的事,总之投其所好。但有一点必须牢记,话题所到之处,必须突出自己将为该公司作出的贡献,如增加营业额、减低成本、发掘新市场等。

5. 铺排次序

内容的次序亦很重要,是否能紧握听众的注意力,全在于事件的编排方式。所以排在头位的,应是你最想让对方记住的事情。而这些事情,一般都是你最得意的。同时,也可呈上一些有关的作品或记录,以增加印象分。

6. 身体语言

不管内容如何精彩,若没有合适的包装,还是不成的。在自我介绍中,必须留意自己在各方面的表现,尤其是声音。切忌以背诵朗读的口吻介绍自己。最好事前找些朋友作练习对象,尽量令声音听起来流畅自然,充满自信。身体语言也是重要的一环,尤其是眼神接触。这不但可令听众专心,也可表现自信。

二、面试交谈中的措词

面试交谈中,措词的简洁和高雅也是非常重要的一环。若不讲究措词,或者故弄玄虚,则不管谈话内容多好,都不会有很好的效果。只有做到措词简洁高雅,才可能取得好的效果。

1. 尽量简单扼要

说话一般是越简明越好,有些人在叙述一件事情时说了很多话,但还是无法把他的意思表达出来。听者花了很多时间和精力,仍然不知道他想说明什么。如果你犯有这种毛病,一定要矫正。矫正的最好的办法是,在说话之前,先在脑子里有一个初步计划,然后再把计划要说的东西讲出来。

2. 不要过多叠句

在汉语里,有时的确需要使用叠句来引起别人的注意,或者加强语气。但如果滥用叠句,就会显得累赘。比如,不少人在疑惑不解的时候常常会说"为什么,为什么?"其实,一个"为什么"就足以表达你的疑惑之情,为什么偏要多加一个呢?还有的人在答应别人一件事情的时候常常说:"好好好……"一连说上好几个,其实一个"好"字就足够了。如果你有这个毛病,也还是改一下为好。

3. 避免重复用词

听者总是希望说者的语言丰富多彩。我们虽然不必像某些名人那样,每说一事都要创造一个新词汇,但也应该在许可的范围内尽量使表达多样化,避免多次重复使用同一词汇。即使是一个非常新奇的词,如果你在几分钟之内把它复述了好几次或十几次,那么人们对它的新奇感就会丧失,并对它产生一种厌倦感,也会对你的文字贫乏而遗憾。

4. 避免口头禅

有些人在交谈中非常爱说口头禅,如"岂有此理"、"我认为"、"俨然"、"绝对的"、"没问题"一类的话几乎是脱口而出,不管这些话是否与所说的内容有关联。这类的口头禅说多了,不仅影响谈话的效果,而且还很容易被别人当作笑柄。因此,这类的口头禅应下决心纠正。

5. 避免使用粗俗的词

"言语是个人学问品格的衣冠。"一个相貌堂堂、看上去高贵文雅的人,如果一开口就说出粗俗不堪的话,那么别人对他的敬慕之心就会马上烟消云散。其实,这些人中的相当一部分并非学问品格不好,只是在追求语言的新奇和俏皮的过程中,不知不觉地染上了这种难以更改的坏习惯。

三、应试者语言运用的技巧

1. 口齿清晰,语言流利,文雅大方

交谈时要注意发音准确,吐字清晰,还要注意控制说话的速度,以免磕磕绊绊,影响语言的流畅。为了增添语言的魅力,应注意修辞美妙,忌用口头禅,更不能有不文明的语言。

2. 语气平和,语调恰当,音量适中

面试时,要注意语言、语调、语气的正确运用。语气是指说话的口气,语调则是指语音的高低轻重配置。打招呼问候时宜用上语调,加重语气并带拖音,以引起对方的注意。自我介绍时,最好多用平缓的陈述语气,不宜使用感叹语气或祈使句。声音过大令人厌烦,声音过小则难以听清。音量的大小要根据面试现场情况而定。两人面试且距离较近时声音不宜过大,群体面试而且场地开阔时声音不宜过小,以每个面试考官都能听清你的讲话为原则。

3. 语言含蓄、机智、幽默

说话时除了语言表达清晰以外,适当的时候可以插进幽默的语言,使双方谈话增加轻松愉快的气氛,也会展示自己的优雅气质和从容风度。尤其是遇到难以回答的问题时,机智幽默的语言会显示自己的聪明智慧,有助于化险为夷,并给人以良好的印象。

4. 注意听者的反应

切记求职面试不同于演讲,而是更接近于一般的交谈。交谈中,应随时注意听者的反应。比如听者心不在焉,可能表示他对自己这段话没有兴趣,你得设法转移话题;侧耳倾听,可能说明由于自己音量过小,使对方难以听清;皱眉、摆头可能表示自己言语有不当之处。一旦觉察到了对方的反应,你就要根据对方的这些反应,适时地调整自己的语言、语调、语气、音量、修辞,包括陈述内容,这样才能取得良好的面试效果。

四、面试的忌语

面试时,恰当得体的语言无疑会增强你的竞争力,帮助你获得成功;反之,不得体的语言会损害你的形象,削弱你的竞争力,甚至导致求职面试的失败。那么,在求职面试中要注意避免哪些影响自己成功的忌语呢?

1. 缺乏自信

"你们要几个?"这是众多求职应试者最常挂在嘴边的忌语。对用人单位来讲,招一个是招,招十个也是招,问题不在于招几个,而是你有没有实力和竞争力。

"你们要不要女的?"这样询问的女性,首先给自己打了"折扣",是一种缺乏自信心的表现。面对已露怯意的女性，用人单位正好"顺水推舟"，予以回绝。你若是来一番非同凡响的介绍，反倒会让对方认真考虑。

2. 急问待遇

"你们的待遇怎么样？"谈论报酬待遇，无可厚非，只是要看准时机，一般在双方已有初步意向时再委婉地提出。

3. 不合逻辑

考官问："请你告诉我你的一次失败经历。"

"我想不起我曾经失败过。"如果这样说在逻辑上讲不通。

又如："你有何优缺点？""我可以胜任一切工作。"这显然也不符合实际。

4. 报有熟人

"我认识你们单位的××"、"我和××是同学，关系很不错"等。这种话主考官听了会反感，如果主考官与你所说的那个人关系不怎么好，甚至有矛盾，那么你这话可能会适得其反。

5. 本末倒置

例如，一次面试快要结束时，主考官问应试者："请问你有什么问题要问我们吗？"这位应试者欠了欠身，开始了他的发问："请问你们的规模有多大？中外方的比例各是多少？请问你们董事会成员中外方各有几位？你们未来五年的发展规模如何？"参加求职面试，一定要把自己的位置摆正，像这位应试者，就是没有把自己的位置摆正，提出的问题已经超出了应当提问的范围，使主考官产生了反感。

6. 不当反问

主考官问："关于工资，你的期望值是多少？"应试者反问："你们打算出多少？"这样的反问就很不礼貌，很容易引起主考官的不快。

7. 拿腔拿调

有一位从新加坡回国求职的机电工程师，由于在新加坡呆了两年，"新加坡腔"比新加坡人还厉害，每句话后面都长长地拖上一个"啦"字，如"那是肯定的啦"之类。半个小时面试下来，考官们被他"啦"得晕头转向，临别时也回敬了他一句："请回去等消息啦！"

五、展示社会经历的技巧

1. 企业偏好大不同

1）外企看"眼界"

外资企业所能接受的"社会经历"比较广泛，除了要求担任过学生干部、有实习经验之外，对一些与众不同的经历也非常感兴趣，比如从事过志愿者工作、曾游历各地等。他们认为，见多识广的学生更容易融入国际化的公司，也能迅速融入客户的文化。他们可以容忍应试者能力上的些许欠缺，但在人生阅历上不能是一张白纸。同样的实习经历，外企人事经理们更希望在你的描述中能表现出"人性的优点"，比如勇敢、社会责任感、自省等。

2）国企看"素质"

目前，大部分国有企业的人力资源管理理念正处于从传统向国际化转变的阶段。国企对应试者综合素质要求很高，希望对方能像沙和尚一样吃苦耐劳，像孙悟空一样神通广大,像唐三藏一样意志坚定,像猪八戒一样乐观开朗。国企招人还往往把学习成绩好作为前提,那些社会经历丰富但成绩不太理想的同学要多加注意。

3) 小企业重"实用"

中小企业的老板最喜欢应试者的简历上写着"具有相关行业实习经验",学历、成绩则放在其次。对他们来说,招来即用的员工才是人才。相关行业的实习经历意味着该应试者熟悉行业和岗位,懂得人情世故,比较容易上手。如果这名大学生告诉老板他还拥有客户资源,那么基本上早上面试,下午就可以上班了。

2. 多角度表达社会经历

外企招志同道合的人,国企招质量信得过的人,中小企业招能马上创造利润的人,但普通学生一般只拥有一两段短暂的实习经历,巧妇如何做少米之炊? 其实,面对不同的听众,故事有不同的说法:

"经历过这件事,我的思想境界得到了升华。"(这样的开头比较适合外企)

"在此事中,我被委以重任,取得了不俗的成绩,能力也得到了提升。"(这是给国企人事主管最好的回答)"经过这段实践,我拥有了胜任贵公司该职位的一切条件,无论是知识能力,还是人脉⋯⋯"(如果你想赢得中小企业老板的欣赏,没有比这更合适的说法)

这并不是"教唆"应试者花言巧语,而是要学会多角度表达。在求职前,最好像写自传一样把自己的经历仔细梳理一遍,把从中得到的收获深化、升华。

六、如何结束面试谈话

在交谈中,人们普遍重视开头,万事开头难嘛。而对结束谈话,人们往往不以为然。说话完了,说声"再见"不就结束了吗?

其实,结束谈话并非如此简单。比如,一方没说完话,对方就不愿听了,怎么结束? 两人在交谈中争得面红耳赤,又各不相让,如何结束? 两个谈兴正浓,而客观条件又不容许再谈下去,又应该怎样结束?

那么,该怎样结束谈话,特别是在面试谈话时,给人留下难忘、美好的印象呢?

(1) 切忌在双方热烈讨论某一问题时,突然将对话结束,这是一种失礼的表现。如果一时出现僵持的局面,应设法把话题改变,一旦气氛缓和就应赶紧收场。

(2) 不要勉强把话拖长。当发现谈话的内容已渐枯竭时,就应马上道别,否则会给对方留下索然无味的印象。

(3) 要小心留意对方的暗示。如果对方对谈话失去兴趣时,可能会利用"身体语言"做出希望结束谈话的暗示。比如,有意地看看手表,或频繁地改变坐姿,或游目四顾、心神不安。遇到这些情况,最好知趣地结束谈话。

(4) 要把时间掌握得恰到好处。在准备结束谈话之前,先预定一段短时间,以便从容地停止。突然结束,匆匆忙忙地离开,会给人以无礼的印象。

(5) 笑容是结束谈话的最佳句号。因为最后的印象,往往也是最深的印象,可以长期留在双方的脑海之中。

七、巧妙应对最后的提问

谨慎而又紧张的面试眼看着就要结束了,当你刚想长舒一口气时,面试考官有时会不经意地、以一种看似自然而又礼貌的口气向你发问,比如:"今天的面试就到这里了,不知您还有没有其他问题要问?"如果此时你一直绷紧的思维神经开始放松下来了,对待上述的提问通常会出现两种可能:一是以为"时机"已到便频频发问,甚至着急地问:"你们会录取我吗?"或者"你们对我的感觉如何?"等;二是漠然地回答"没问题"。其实 这个问题也往往是一个圈套,回答这个问题大有讲究,在回答时你应根据当时的情况,充分考虑以下三方面的问题,并认真作答。

(1) 据面试考官对待自己的态度来判断回答。

通常情况下,通过整个面试的全过程你可以大概地判断出主考官对自己的兴趣,如仔细询问工作经验、反复询问待遇情况、反复了解上下班路途、表情热切等,可以看出对方的态度是积极的;反之,若三言两语结束面试、问题不够深入涉及工作,从未涉及薪水待遇,则可以看出对方的态度很消极。如果判断下来的态度是积极的,你不妨自己先问一两个问题证实一下自己的判断,反之则只要问一个问题就可以了,完全是出于礼貌的需要。

(2) 根据当时的实际情况来应变回答。

要知道回答这样的问话不是很简单的,即使对方的态度十分热忱也有可能由于你问话不当而造成误解。一般说来,在用人单位表示出对应试者极大兴趣的前提下,针对初试、复试的不同情况下可以询问不同的问题。初试时提出的问题最好少涉及薪金、待遇,而应询问有关工作职责、业务范畴之类,使用人单位感受到应试者的敬业精神;而在复试时则可以讨论诸如薪酬福利、交通、培训等同个人利益比较相关的问题。但切记,问到个人待遇方面的问题要谨慎适度,用人单位介绍过的就不必多问,也不要喋喋不休反复问个不停,更不能表现出算账本领高招,十分精明计较。

(3) 根据最后的意向而确认回答。

每个应试者都应当确信通过数次面试下列问题已是心中十分明了的,如果心中无数,则一定要问清。这些问题主要包括用人单位规模、应试者的职务与职责、技术与设备水准、产品的水平、市场占用率、用人单位的发展目标(即招人的动机)、应试者所处的部门的纵向(上、下级)和横向(其他部门)的关系、薪资待遇、其他福利等。如果应试者尚未搞清楚上述的全部问题而不提问题或只在某一二个问题上反复计较都是不理智的行为。

因此,在回答"不知您还有没有其他问题要问?"这样的话题时,应试者既不能表现出太自然和随便,也不能表现出过分的热切和过分的迫切心情,有可能最后的提问会成为面试中最重要的内容,应试者如何回答可能会影响自己本次求职的成功与否。因此我们建议,应试者在回答这类问题时,最好应随机应变、适当提问、理智回答。

八、面试结束后的那句话

应聘、面试、等待,在找到一份满意的工作前,每一个应试者总在重复这些过程。然而,你是否注意到,或者记起,当面试考官在规定时间内完成了一切面试工作后,他总会礼貌地请你回去等候通知。一般来说,你总会说声"谢谢",然后不卑不亢、故作镇静地走开。而事实上你在回家的路上已经在开始焦急地等待回音,可是,如果你在说声"谢谢"之前再说上一句变被动为主动的话,你的等待便不会那么遥遥无期了。这就是"面试结束后应该说的那句话"。

1. "你能给我这份工作吗?"

专家解析:据说,有很多人是因为在面试结束前勇敢地问了这个问题或此类的问题,而最终得到了那份工作。也许是这样的勇敢打动了老板,也许是这份执著热切让老板不好意思再拒绝,也许根本就是运气。但不管如何,在听完了面试考官对那份工作的描述后,你可以张口说出这句话,你将得到的最坏答复就是"不行"或是"我们需要时间对所有的面试者进行综合评估"。

2. "我最晚什么时候能得到回音?"

专家解析:面试完后,面对你的勇敢,面试考官也许会说"我们需要时间考虑",或是"我们会打电话给你约第二次面试时间"。为了掌握主动,你可继续你的问题,因为你想知道最坏的结果。也许面试考官会说"不会有什么回音了。"你或许会心痛,或许会落荒而逃,但你不得不承认,至少这位面试考官是认真而诚实的,你也可以尽早重开炉灶全力以赴地准备下一次面试。

3. "如果因为种种原因你没有在最后期限通知我,我可以联系你吗?"

专家解析:也许面试考官会因为这样的问题恼火,但大部分人会理解你的心情,知道自己一旦忙起来会顾不上与你的约定。如果这样,你主动联系他也是对他工作的帮助。当然,如果他们对你不感兴趣,他们也一定会给出暗示:他们只是在敷衍你。

4. "你能否介绍一些其他可能对我感兴趣的人?"

专家解析:如果你知道你已被拒绝,不妨问出这个问题,或许会有一份意外的收获。要知道,大部分面试考官都与人为善且愿意互相帮助,很可能他不需要你,而他的一位正求贤若渴的朋友刚好需要你。

最后,勇敢地问出你的问题,仔细地记录下可能存在的约定,并诚恳地对面试考官为你多花费时间表示感谢,然后离开。

案例举要

案例:刘同学在简历的著作栏里写下了曾发表过一篇关于汇率稳定的文章,以期在面试银行时会有作用。结果面试××银行时,主考官问起她对汇率稳定的观点时,她却结结巴巴,说不出个所以然。事实是身为会计专业的她对金融问题根本没有什么研究,是托金融班的同学在所发表的文章后带了自己的名字。因此,也和××银行失之交臂。

王同学一心想进入国际性的咨询公司,遭到拒绝后,将目标锁定于国际会计师事务所。最后,安永给了她面试邀请。原本此机会弥足珍贵,可在面试中,当考官问到她还投递了哪些单位时,王同学将她投递过的单位如数家珍般一股脑儿兜出,表现了极强的兴趣。但她就是没有表现出对安永的兴趣,此情此景下,考官也只能寒心将她拒之门外。

张同学在面试毕马威时,一心向主考官强调她特别想进入该公司。在解释原因时,她指出毕马威的良好背景有利于她以后再次跳槽。最后,毕马威还是没有给她这个可以再次跳槽的机会。事后,张同学懊恼地表示她当时头脑发晕,但发晕的时候可以很多,而面试时是决不可以的。

点评:上面的三个小例子讲的是在面试中既要保持诚实的态度,又不可过于说大实话。刘同学以他人的文章充数,面试中漏出破绽,失去诚信;王同学和张同学大讲实话,令用人单位寒心。诚信是用人单位在招聘新人时重视的品质之一,诚信也是社会交往赖以维系和发展的基础。古人云:"一语为重万金轻",在以人为本的时代背景下,人性化地选材用人,是用人单位的管理方式。在进行双向选择时,应当将自己真实的情况展现在用人单位面前,以自己的风采赢得用人单位的认同,进而与用人单位达成协议。求职者的费尽心机,总会有露馅的一天,到头来将是对自己最大的打击。然而,保持诚信和不讲大实话是不矛盾的。如果王同学在真实说出自己还投了哪些单位后,不是谈自己对那些单位的兴趣,而是表明在这些选择之间她对安永情有独钟,并且能够用足够的理由说服对方认为她说的话是真实的,那么王同学今天很可能已经是安永的一员了。上面的张同学如果在面试时能保持清醒,可能不会说出跳槽之类的话,面试的效果应该会更好些。

思考与讨论

1. 自荐材料包括哪些部分?
2. 如何理解面试的本质?
3. 面试着装有哪些要求?
4. 面试应注意哪些细节?

学法指导

1. 课堂讲授
2. 案例分析
3. 小组讨论

该章为实践篇,学习方法以课堂讲授和模拟面试为主,课堂讲授的过程中教师积极使用案例分析,帮助学生理解本章的学习内容和重点难点;教师可以组织学生参与讨论,引导学生通过讨论加深对本章内容的掌握。模拟面试可以让学生分别扮演面试官和应聘者,从而更好地理解面试的相关要求。

自我检测

1. 制作一份个人求职自荐材料。
2. 结合自身反思不良习惯。
3. 以班级为单位组织模拟面试,并评选"最佳面试官"和"最佳应聘者"。

背景知识链接

1. 谢苏. 旅游社交礼仪. 武汉:武汉大学出版社,2006.
2. 韩宇. 和你一起面试. 北京:中国市场出版社,2008.

3. 孙秀萍,李永. 空乘礼仪漫谈. 北京:中国民航出版社,1996.
4. 金正昆服务礼仪(video. baidu. com)
5. 金正昆现代礼仪(video. baidu. com)
6. 奥运礼仪小姐训练(video. baidu. com)
7. 中华英才网(www. chinahr. com)
8. 前程无忧(www. 51job. com)
9. 智联招聘网(www. zhaopin. com)

参 考 文 献

[1] 金正昆. 国际礼仪概论. 北京:北京大学出版社,2006.
[2] 谢苏. 旅游社交礼仪. 武汉:武汉大学出版社,2006.
[3] 王春林. 旅游接待礼仪. 上海:上海人民出版社,2002.
[4] 孙秀萍,李永生. 空乘礼仪漫谈. 北京:中国民航出版社,1996.
[5] 韩宇. 和你一起面试. 北京:中国市场出版社,2008.
[6] 鄢向荣. 旅游服务礼仪. 北京:清华大学出版社,北京交通大学出版社,2006.
[7] 李永. 空乘礼仪教程. 北京:中国民航出版社,2003.
[8] 金正昆. 商务礼仪. 北京:北京大学出版社,2004.
[9] 孙乐中. 实用日常礼仪. 南京:江苏科学技术出版社,2005.
[10] 宋移安. 社交礼仪. 武汉:武汉理工大学出版社,2007.
[11] 吕维霞,刘彦波. 现代商务礼仪. 2版. 北京:对外经济贸易大学出版社,2006.
[12] 刘启亮. 饭店服务教程. 北京:中国旅游出版社,2004.
[13] 温晓婷. 现代酒店知识与管理——管理篇. 北京:中国商业出版社,2000.
[14] 唯高. 餐厅礼仪. 北京:中国物资出版社,2007.
[15] 郑向敏,谢朝武. 酒店服务与管理. 北京:机械工业出版社,2004.